reinhardt

Dagmar Vögel-Biendl, Monika Weiderer

Besprechungen mit Biss

Mit zahlreichen Abbildungen

Ernst Reinhardt Verlag München Basel

Dr. *Dagmar Vögel-Biendl*, Dipl.-Psych. und Sprecherzieherin (DGSS), Beraterin und Trainerin für Personal und Organisationsentwicklung)
www.dvb-entwicklung.de

Prof. Dr. *Monika Weiderer*, Dipl.-Psych. und Dipl.-Päd., lehrt in der Fakultät Sozialwesen an der Fachhochschule Regensburg

Coverfoto: Annegret Schultz
Cartoons im Innenteil: Heidi Mirlach

Bibliografische Information der Deutschen Nationalbibliothek

Die Deutsche Nationalbibliothek verzeichnet diese Publikation in der Deutschen Nationalbibliografie; detaillierte bibliografische Daten sind im Internet über <http://dnb.d-nb.de> abrufbar.
ISBN 978-3-497-01979-3

Printed in Germany
Reihenkonzeption Umschlag: Oliver Linke, Augsburg
Satz: Fotosatz Reinhard Amann, Aichstetten
Druck und Bindung: CPI – Ebner & Spiegel, Ulm

Ernst Reinhardt Verlag, Kemnatenstr. 46, D-80639 München
Net: www.reinhardt-verlag.de E-Mail: info@reinhardt-verlag.de

Inhalt

Einführung

Ob Sie es Besprechung nennen, Meeting, Arbeitstreffen oder Sitzung – ob Sie sich in regelmäßigen Abständen und zu festgelegten Terminen oder kurzfristig und aus aktuellem Anlass zusammensetzen – ob Sie Informationen austauschen, Strategien erörtern, Problemlösungen suchen, Meinungen bilden oder Entscheidungen treffen … Benennungen, Vorgehensweisen und Gesprächsanlässe sind vielfältig im beruflichen Leben. Immer gleich aber ist der Wunsch nach zielorientiertem, effektivem und zeitsparendem Arbeiten. Und im besten Fall sollte es auch noch Spaß machen.

Ob sich eine Besprechung als sinnlose Zeitfalle oder als wirkungsvolles Arbeitsinstrument erweist, ist von vielen Faktoren abhängig. Besprechungsleitung und Teilnehmende können und müssen gemeinsam dazu beitragen, dieses Instrument optimal einzusetzen und zu nutzen.

Das erste Kapitel des vorliegenden Buches macht Sie mit den vielfältigen Aufgaben der Besprechungsleitung vertraut. Sie erfahren, wie Sie sich gezielt auf diese Rolle vorbereiten, und erhalten die nötigen Werkzeuge, um sie auszufüllen.

Im zweiten Kapitel setzen wir uns mit drei wichtigen Aspekten des Verhaltens auseinander. Informieren, kooperieren und überzeugen sind von zentraler Bedeutung in der Besprechung, unabhängig davon in welcher Rolle Sie vertreten sind. Sowohl in der Leitungsfunktion wie auch als Teilnehmerin oder Teilnehmer ist es beispielsweise unumgänglich, sich mit den eigenen Beiträgen an Kriterien der Verständlichkeit zu orientieren. Ebenso steht die Bedeutung einer guten Arbeitsbeziehung und einer gemeinsamen Problemlösung außer Frage. Schließlich geht es aber auch darum, durch eine rhetorisch geschickte Gestaltung der eigenen Argumentation zu überzeugen und Manipulationsversuche anderer abzuwehren.

Wo Menschen zusammenkommen, ist immer auch mit Konflikten zu rechnen – nicht selten überlagert dieses Thema die sachliche Arbeit in der Besprechung. Kapitel drei gibt einen Überblick über die wichtigsten Ursachen zwischenmenschlicher Spannungen und vermittelt konkrete Techniken zum konstruktiven Umgang mit Konflikten.

Wenn Sie dieses Buch lesen, werden Sie eine Fülle an konkreten Tipps und Anregungen finden, nicht ohne Grund aber weder verkürzte Patentrezepte noch vereinfachende Standardlösungen. Unser Ziel ist es, Sie zur Reflexion anzuregen und ein breites Spektrum an praxisbezogenen Varianten und Möglichkeiten aufzuzeigen – so dass Sie für sich maßgeschneiderte Konzepte entwickeln und Ihren ganz persönlichen Stil finden.

Viel Spaß und Erfolg dabei!

1 Leiten einer Besprechung

Wenn Sie als Besprechungsleiterin oder -leiter den Anspruch haben, Ihre Sitzungen weder nervtötend noch einschläfernd, sondern zielführend, sachorientiert, fair und engagiert zu gestalten, werden hohe Anforderungen an Ihre Fähigkeiten und Kompetenzen gestellt. Schließlich sind Sie nicht nur für die sinnvolle Aufbereitung und Bearbeitung des Besprechungsthemas zuständig, sondern haben auch eine Gruppe mit all ihren Eigenheiten zu leiten. Nicht zuletzt leisten Sie den Spagat zwischen Ihren Moderationsaufgaben einerseits und Ihrem Engagement in der Sache andererseits. Denn in der Rolle der Besprechungsleitung können – und müssen Sie vielleicht auch – anders als in der Moderation eigene inhaltliche Positionen und Ergebniserwartungen einbringen und vertreten. Hier ist es wichtig – und nicht selten schwierig –, die unterschiedlichen Rollen sauber zu trennen.

Fähigkeiten und Kompetenzen, die Ihnen in der Leitungsrolle abverlangt werden, sind jedoch erlernbar, und häufig reicht es auch schon aus, sich die verschiedenen Leitungs-Aufgaben bzw. die Bedeutung einzelner Aspekte überhaupt bewusst vor Augen zu halten.

1.1 Was es konkret für Sie zu tun gibt

Eine Reihe unterschiedlichster Aufgaben erwartet Sie: Es gilt im Vorfeld, den Boden für effizientes Arbeiten zu bereiten und organisatorische Vorbereitungen zu treffen. Im Nachgang der Besprechung reflektieren Sie die geleistete Arbeit und entwickeln Ihre Kompetenzen weiter. Im Gespräch selbst leiten Sie die Diskussion, sorgen für eine konstruktive Arbeitsatmosphäre und führen auf ein Ergebnis hin. Dabei bündeln Sie das Wissen, die Kompetenz und die Kreativität aller Teilnehmerinnen und Teilnehmer, was in landläufigen Besprechungen aber nicht immer der Fall zu sein scheint …

1.1.1 Ihre Aufgaben im Vorfeld der Besprechung

- Festlegung des Besprechungsthemas,
- Definition der Besprechungsziele,
- Bestimmung der Teilnehmenden,
- Festlegung des Zeitrahmens,
- Entwicklung des Besprechungsdesigns und
- Erledigung organisatorischer Aufgaben:
  - Einladung,
  - Informationsmanagement,
  - Unterlagen und Arbeitsmaterialien,
  - Raum, Technik und Pausenverpflegung

– eine ganze Menge an Jobs, die Sie zu leisten haben, wenn Sie sich auf Ihre Besprechung vorbereiten ... Aber schließlich ist eine gute Vorbereitung meist sogar mehr als die halbe Miete. Es lohnt sich also, wenn Sie sich mit den einzelnen Punkten gründlich auseinandersetzen.

Die Basis der Besprechung bildet das Thema. Die einzelnen Tagesordnungspunkte entwickeln Sie aus einem konkreten Anlass (z. B. ein aktuelles Problem wie etwa eine Reklamation), einer übergeordneten Aufgabe (z. B. im Rahmen einer Projektarbeit), aus tagesaktuellen Fragen (z. B. Planung, Strategieabstimmung oder Informationsaustausch in der Abteilung) oder aus Themenvorschlägen, Wünschen und Anträgen, die die Teilnehmenden im Vorfeld der Besprechung einreichen.

Bei offenen Besprechungen nach dem Prinzip „Was steht heute an?“, wie z. B. wöchentlichen Montags- oder sonstigen Wochentagsrunden, erledigen sich viele der vorbereitenden Aufgaben von selbst. Es reicht i. d. R. aus, Raum und ggf. Pausenverpflegung zu organisieren. Was Sie als Leiterin oder Leiter aber unbedingt mitbringen sollten, ist ein gut sortierter „Handwerkskoffer“, so dass Sie für die anfallenden Themen spontan geeignete Arbeitsmethoden zur Hand haben. Ansonsten wird aus einer Besprechung leicht mal eine „Laberrunde“.

Wenn die Themen bereits im Vorfeld feststehen, ist der erste und wichtigste Schritt der Vorbereitung die *Definition der Besprechungsziele*. Davon hängt letztlich alles Weitere ab. Legen Sie ganz konkret fest, was in der Besprechung erreicht werden soll. Denn nur so können Sie nachfolgend Arbeitsschritte und Rahmenbedingungen sinnvoll gestalten. Damit kein Missverständnis aufkommt: Es geht hier nicht um inhaltliche Festlegungen – auch wenn in so manchen Besprechungen die Leitung nach intensiver Diskussion zu aller Überraschung und Unzufriedenheit ein vorbereitetes und völlig anderes Konzept aus dem Hut zaubert … Stellen Sie sich Fragen, wie z. B.: Geht es in dieser Besprechung um Information, Problemlösung, Gedankenaustausch oder um eine Entscheidung? Werden Ideen gesammelt, oder wird bereits bewertet? Sollen Konflikte nur deutlich gemacht werden, oder geht es um Klärungen? Werden Lösungen angedacht oder zur Umsetzung vorbereitet? usw. Ihnen selbst und später auch allen anderen Beteiligten muss klar sein, wozu Sie überhaupt zusammensitzen. Nur so entsteht Motivation und die Bereitschaft zur Mitarbeit. Ansonsten werden vielleicht auch falsche Erwartungen geweckt, und Frustration ist vorprogrammiert. Zudem: Wenn Sie nicht wissen, wo Sie hin wollen, brauchen Sie sich nicht wundern, wenn Sie nie ankommen.

Natürlich beschäftigen Sie sich im Vorfeld dann auch differenzierter mit den *Besprechungsthemen*. Fragen Sie sich: Welche Teilaspekte oder Unterpunkte ergeben sich aus dem Thema? Ist eine Besprechung überhaupt die richtige Form, das Thema oder Teilthema zu bearbeiten, oder lassen sich vielleicht andere Wege finden (z. B. schriftliche Information, Arbeitsauftrag an eine Teilgruppe oder Einzelgespräche mit betroffenen Personen)? Welche Informationen müssen noch beschafft werden? Wie viel Wissen haben die Teilnehmenden zum

Thema? Was muss einführend erklärt werden? Wie viel Zeit wird die Diskussion der verschiedenen Teilaspekte voraussichtlich in Anspruch nehmen?

Im nächsten Schritt stellt sich die Frage, wer an der Besprechung *teilnehmen* soll. Auch wenn Sie die Teilnehmenden nicht selbst bestimmen können oder der Personenkreis bereits festgelegt ist (z. B. Sitzungen des Projektteams oder der Fachabteilung), lohnt sich die Frage: Wer kann darüber hinaus zur Zielerreichung beitragen (durch Fachkompetenz oder persönliche Kompetenz), wer ist von den Ergebnissen der Besprechung im weiteren Sinn betroffen, und wer muss in die Entscheidungen eingebunden werden? Es ist dabei auch zu überlegen, ob wirklich alle Personen die ganze Zeit über an der Besprechung teilnehmen müssen oder ob Sie nicht gezielt zu bestimmten Tagesordnungspunkten einladen können. Warum soll jemand zwei Stunden in einer Besprechung verbringen, wenn seine oder ihre Kompetenz vielleicht nur zehn Minuten gefragt ist?

Viertens legen Sie den *Zeitrahmen* fest. Die Frage, wie lange eine Sitzung dauern darf, lässt sich natürlich nicht allgemein beantworten. Die Antwort ist immer abhängig von Anlass, Thema und Ziel der Besprechung und auch von der Motivation der Teilnehmenden. Aus Sicht der Psychologie sind aber zwei Dinge klar:

- Legen Sie regelmäßig Pausen ein. Die Lernpsychologie (z. B. Hofmann/Löhle 2004) empfiehlt zur Erhaltung der Leistungsfähigkeit eine Pausengestaltung, die etwa alle 45 Minuten eine kurze Durchschnaufpause von fünf Minuten vorsieht. Etwa alle 90 Minuten sollte eine längere Pause von ca. 15 Minuten eingeplant werden. In den Pausen sollten die Teilnehmenden die Möglichkeit haben, sich zu bewegen und frische Luft zu schnappen.
- Berücksichtigen Sie die menschliche Tagesform.
  Leistungs- und Konzentrationsfähigkeit ist über den Tag verteilt nicht immer gleich, sondern hat ihren Höhepunkt so etwa 9 bis 11 Uhr am Vormittag. Es kommt zu einem Tiefpunkt etwa zwischen 13 und 15 Uhr und zu einem weiteren deutlichen Absinken ab 19 Uhr abends (Freytag et al. 2005).

Entscheidend ist aber auch, dass Sie den vorgegebenen Zeitrahmen tatsächlich einhalten. Mammutsitzungen, die sich unabgesprochen in die Mittagspause oder bis in den Feierabend hineinziehen, beruhigen vielleicht das Gewissen – schließlich hat man alle Themen abgearbeitet –, sind aber nur selten zielführend. Irgendwann ist einfach die Luft raus. Falls Sie den Zeitbedarf falsch eingeschätzt haben, setzen Sie – ggf.

nach Rücksprache mit den Personen, die die einzelnen Themenwünsche eingebracht haben – Prioritäten und verschieben Sie Themen, die aktuell weniger wichtig und dringlich sind, auf einen späteren Zeitpunkt.

Was tun, wenn …
Sie den Zeitrahmen sprengen müssen?

- Machen Sie deutlich, dass und weshalb Überziehen notwendig ist.
- Schieben Sie ggf. eine kurze Pause ein und legen Sie in Abstimmung mit der Gruppe einen realistischen neuen Zeitplan fest. So ist für die Runde ein Ende in Sicht und man kann sich noch einmal für den Endspurt motivieren.
- Gestalten Sie bereits die Tagesordnung und das Besprechungsdesign so, dass Sie im Bedarfsfall kürzen oder Themen streichen können.

Wenn Themen, Ziele, zeitlicher Rahmen und Teilnehmende bestimmt sind, entwickeln Sie das *Besprechungsdesign*, d. h. Sie gestalten die Tagesordnung und definieren die Vorgehensweise, nach der Sie die jeweiligen Themen bearbeiten wollen. Hier sind Tipps und Anregungen zum Besprechungsdesign:

- Legen Sie für jeden einzelnen Tagesordnungspunkt einen Zeitrahmen fest.
- Definieren Sie bereits im Vorfeld, welche Themen der Agenda im Notfall verschoben oder gestrichen werden können.
- Überlegen Sie, wie Sie die Bearbeitung eines Tagesordnungspunktes ggf. kürzen können.
- Legen Sie die Reihenfolge der Themen bewusst fest:

  1. Die Gesprächsstruktur sollte sinnvoll aufgebaut sein (die Organisation des Betriebsfestes z. B. kann erst besprochen werden, wenn das Budget festgelegt ist).
  2. Wichtige und arbeitsintensive TOPs nehmen Sie am besten in die Anfangsphase, wenn die Teilnehmenden noch frisch sind (und zur Not die Zeit überzogen werden kann).

3. Beachten Sie aber auch, dass das Einstiegsthema hohen Einfluss auf die weitere Gruppendynamik hat (durch die ersten Erfahrungen in der Zusammenarbeit werden die Weichen auf Kooperation, Lösungsorientierung und Engagement gestellt oder eben nicht!). Überlegen Sie also gut, welche Impulse Sie setzen wollen (z. B. Kooperation oder Kontroverse).
4. In der Regel empfiehlt es sich, an den Anfang ein Thema zu stellen, das erfolgreiches und zügiges Arbeiten verspricht, so dass die Teilnehmenden diesen Rückenwind mit in die nächsten Punkte nehmen.

- Den beliebten Punkt „Sonstiges“ nehmen Sie nicht einfach unvorbereitet in die Tagesordnung, sondern überlegen, wie Sie mit den Themenvorschlägen umgehen wollen (z. B. sammeln und terminieren, andiskutieren oder ausdiskutieren, in Arbeitspakete packen usw.).
- Formulieren Sie Einstiegsfragen und Arbeitsaufträge sehr genau aus. Spielen Sie mögliche Reaktionen und verschiedene Varianten gedanklich durch, um auszutesten, ob der Impuls wirklich zielführend ist (s. Kap. 1.2.1).
- Mit Blick auf Ihre Besprechungsziele überlegen Sie für jeden einzelnen Tagesordnungspunkt ein geeignetes Verfahren zur Bearbeitung des Themas. Nachfolgend einige Beispiele:

1. Für eine breite Ideensammlung eignet sich ein Brainstorming, d. h. die Teilnehmenden werden angehalten, möglichst viele und ausdrücklich auch abwegige, verrückte oder unrealistische Ideen zu produzieren. Dabei wird keinerlei Kritik geübt, weder negative noch positive. Um alle Ideen festzuhalten, schreiben Sie mit oder verwenden Sie ein Tonband. Eine geeignete Methode ist aber auch die Kartenabfrage (s. Kap. 1.2.2). Überlegen Sie weiter, wie Sie die Kreativität der Teilnehmenden fördern können, z. B. durch Bewegung, eine kurze Entspannungseinheit, Besonderheiten in der Raumgestaltung, Pflanzen oder Musik.
2. Zur Vorbereitung einer Entscheidung sammeln und gewichten Sie Vorteile und Nachteile, um eine Problemlösung zu entwickeln. Fragen Sie gezielt nach Ursachen, Lösungsvorschlägen, Chancen und Risiken.
3. Um den Meinungsaustausch in der Gruppe anzuregen, lassen Sie eine unstrukturierte, offene Diskussion zu.
4. Wenn die überzeugendste Variante gewählt werden soll, geben Sie allen Teilnehmenden die Möglichkeit, ein Plädoyer für ihren Standpunkt zu halten und lassen Einwände und kritische Nachfragen zu.
5. Wenn Sie die Debatte versachlichen wollen, wählen Sie Formulierungen, die von persönlichen Positionen wegführen (z. B. statt: „Wie se-

hen Sie das?" besser: „Welche Aspekte sprechen dafür/dagegen?"), oder nutzen Sie Visualisierungstechniken. So steht das schriftlich fixierte Argument im Zentrum und nicht die Person, die es vertritt.

6. Wenn Sie umgekehrt Leidenschaft in die Debatte bringen wollen, sprechen Sie mit Ihren Fragen Gefühle an (z. B. „Was begeistert Sie?", „Was beeindruckt Sie?", „Was nervt Sie?", „Was macht Ihnen Magenschmerzen?").
7. Steht der Austausch von Informationen im Vordergrund, sprechen Sie die jeweiligen Themen-Verantwortlichen rechtzeitig an und stimmen ab, wer z. B. eine kurze Präsentation halten wird, wer Unterlagen herausgibt, wer mündlich informieren will usw. So können Sie den Zeitbedarf einschätzen und für methodische Abwechslung sorgen. Legen Sie ggf. gemeinsam Richtlinien für eine verständliche und zielorientierte Information fest.

- Versuchen Sie, wenn möglich, die verschiedenen Tagesordnungspunkte mit unterschiedlichen Methoden zu bearbeiten. So kommt Langeweile gar nicht erst auf.

Darüber hinaus gibt es im Vorfeld der Besprechung aber auch noch eine Reihe organisatorischer Aufgaben:

Gestaltung und Verteilung der Einladungen. Mit der Einladung informieren Sie immer über

- Datum, Ort, Beginn und voraussichtliches Ende,
- Leitung, Teilnehmende (auch zeitweise) und ggf. Protokollführung sowie
- über die Tagesordnung, d. h. Themen, Ziele, Zeitrahmen pro Tagesordnungspunkt und ggf. auch Verantwortlichkeiten.

Darüber hinaus über eventuelle
- Rahmenbedingungen wie Pausenverpflegung, Handyregelung, Raumausstattung oder Wegebeschreibung,
- fachliche Aspekte (beiliegende Unterlagen) oder
- vorbereitende Aufgaben.

Wenn das für Sie passt, enden Sie mit ein paar persönlichen und motivierenden Sätzen (z. B. „Ich freue mich auf einen intensiven Gedankenaustausch" oder „Ich bin zuversichtlich, dass wir eine tragfähige Lösung finden").

Verschicken Sie die Einladung „rechtzeitig", d. h. so, dass die Teilnehmenden noch genügend Zeit haben, ihre Termine zu koordinieren und sich auf die Besprechung vorzubereiten. Mündlich einladen sollten Sie nur, wenn die Besprechung in gewohntem Rahmen stattfindet und die Themenvielfalt sich in Grenzen hält. Bedenken Sie auch, dass eine schriftliche Einladung höhere Verbindlichkeit ausstrahlt.

Informationsmanagement. Es lohnt sich, bereits vor der Besprechung alle Beteiligten auf den für die Diskussion erforderlichen Wissensstand zu bringen. Alles, was Sie in der Sitzung nicht mehr erklären müssen, spart Zeit und Energie. Bereiten Sie aber auch eine kurze Informationseinheit vor, in der die wichtigsten Punkte in der Besprechung noch einmal zusammengefasst werden. Sie können ebenso wenig davon ausgehen, dass alle Teilnehmenden sich die einzelnen Aspekte merken, wie davon, dass sie die Unterlagen im Vorfeld auch tatsächlich lesen. Neben dieser aktiven Information im Vorfeld, kann es auch von Vorteil sein, wenn Sie sich Informationen einholen und Fragen, Anträge oder erste Stellungnahmen der Teilnehmenden im Vorfeld einsammeln, um sich dann in der Vorbereitung gezielt darauf einzustellen.

Zusammenstellung von Unterlagen und Arbeitsmaterialien. Welche Unterlagen müssen schon im Vorfeld mit der Einladung verschickt werden und entsprechend frühzeitig vorliegen? Welche Unterlagen und Materialien (wie z. B. Handouts zu Kurzvorträgen oder Präsentationen, Protokolle, Broschüren, Schreibmaterial oder technische Modelle zur Veranschaulichung etc.) werden zum Besprechungstermin in welcher Anzahl benötigt?

Was tun, wenn …
die Teilnehmenden die Unterlagen im Vorfeld nicht lesen?

- Lassen Sie auf keinen Fall zu, dass während der Besprechung das allgemeine Lesen beginnt – und schon gar nicht übernehmen Sie die Aufgabe, die Unterlagen allen vorzulesen.
- Wenn auf der Basis Ihrer Kurzzusammenfassung keine Diskussion möglich ist, vertagen Sie den Punkt.
- Machen Sie der Gruppe deutlich, wie wichtig, zielführend und zeitsparend es ist, wenn alle ihre „Hausaufgaben" machen, und vereinbaren Sie dies für den nächsten Termin.

Organisation des Raumes. Welcher Raum steht zur Verfügung? Wie ist der Raum gestaltet? Welche Sitzordnung soll es geben? Ist im Raum bereits die erforderliche Medienausstattung vorhanden bzw. kann sie installiert werden? Die Arbeitsumgebung hat nach Neuland (2003) großen Einfluss auf den Menschen. Der Einfluss der Raumgestaltung auf die Denkleistung z. B. wurde erst kürzlich auch in einer Studie belegt: Es zeigte sich, dass hohe Raumdecken eher ganzheitliches Denken fördern, während niedrige Decken die Konzentration eher auf Details lenken (Meyers-Levy/Zhu 2007).

Wählen Sie – wenn die Gegebenheiten vor Ort es zulassen – einen ausreichend großen, gut durchlüfteten und hellen Raum. Ein zu kleiner Raum verletzt aus psychologischer Sicht die persönliche Distanzzone und führt zu Unbehagen. Aber auch ein zu großer Raum, mit zu großen Abständen zwischen den Teilnehmenden kann sich ungünstig auswirken, da künstlich eine Distanz zueinander aufgebaut wird. Neuland (2003) geht für die Moderation mit entsprechender Arbeitsausstattung von einem Raumbedarf von 5 bis 6 qm pro Teilnehmenden aus, Hartmann et al. (2002) sprechen von 3 qm pro Person beim Meeting.

Wenn Sie die Sitzordnung gestalten, achten Sie darauf, dass alle Teilnehmenden zueinander Blickkontakt aufnehmen können und alle ungehindert Ausblick auf die Visualisierungen oder Präsentationen haben.

Was tun, wenn ...
Sie nur einen muffigen Raum zur Verfügung haben und freie Sicht behindert wird?

- Tun Sie ganz besonders viel dafür, dass die Themen zielorientiert, zügig und möglichst kurzweilig bearbeitet werden. So schaffen Sie Ausgleich.
- Legen Sie notfalls eine Pause mehr ein.
- Sprechen Sie die Probleme offen an, dramatisieren Sie aber nicht (z. B. „Die Platzverhältnisse sind etwas beengt hier, es können auch gar nicht alle zur Leinwand sehen“). Ist die Störung erst auf dem Tisch, stört sie meist nicht mehr so sehr.
- Suchen Sie nach Lösungen (z. B. „Wir werden regelmäßig durchlüften“ oder „Am besten stehen Sie während der Präsentation einfach kurz auf und kommen weiter nach vorne“). Nicht selten findet die Gruppe noch bessere Varianten (z. B. „Wir schieben einfach die Tische raus“).

Organisation der Technik. Klären Sie ab, welche Medien – Beamer, Laptop, Overheadprojektor, Flipchart, Whiteboard, Pinnwände und Moderationsmaterial, Video, DVD-Player – für die einzelnen Arbeitsschritte oder Informationsbeiträge benötigt werden, und prüfen Sie, was an Medientechnik vorhanden ist bzw. was noch beschafft werden muss. Testen Sie die Technik frühzeitig und organisieren Sie entsprechend Ersatzgeräte.

Organisation der Pausenverpflegung. Die Motivationspsychologie (Maslow zit. n. Zimbardo/Gerrig 1999) sieht die Befriedigung der physiologischen Bedürfnisse eines Menschen – und dazu gehört auch das Bedürfnis nach Nahrung – als grundlegend an. Erst nach ausreichender Sicherung dieses Bedürfnisses kann und wird der Mensch sich leistungsbezogenen und kreativen Aufgaben zuwenden, wie sie in der Besprechung gefordert sind. Auch benötigt das Gehirn für seine Leistungsfähigkeit eine enorme Menge an Energie (nach Neuland 2003, etwa 20% der dem Körper zugeführten Energie), die wiederum durch Nahrung und Getränke aufgenommen werden muss. Gute und ausreichende Verpflegung ist also kein Luxus, sondern Voraussetzung für Motivation und Leistungsfähigkeit.

Zusammenfassend noch die Empfehlung: Entwickeln Sie – angepasst an die spezifischen Erfordernisse, Gewohnheiten und Möglichkeiten Ihres Unternehmens – eine Checkliste für organisatorische Rahmenbedingungen, d. h.

- Medien, die zur Verfügung stehen,
- unterschiedliche Varianten der Sitzordnung,
- Möglichkeiten der Pausenverpflegung,

und geeignete Standardformulare, für z. B.

- das Einladungsschreiben,
- die Vorabfrage zum Einsammeln von Themenvorschlägen oder
- Kurzberichte und Basis-Informationen,

so dass Sie nichts vergessen und die entsprechenden Daten nur einfach ankreuzen oder eintragen müssen. Bei Bedarf finden Sie Anregungen z. B. bei Kießling-Sonntag (2005).

Vielleicht fragen Sie sich jetzt am Ende dieser langen Liste, ob der enorme Vorbereitungsaufwand sich wirklich lohnt. Schließlich ist die Zeit meist knapp. Die Zeit ist an dieser Stelle aber gut investiert. Sie werden feststellen, dass eine gründliche Vorbereitung der Besprechung

Ihnen so manchen Stress, so manches Nacharbeiten, das eine oder andere Missverständnis und einigen Missmut während der Sitzung erspart. Viele der Aufgaben im Vorfeld sind schnell und unkompliziert zu erledigen und tragen entscheidend zur Zufriedenheit der Teilnehmenden und damit zu einem guten, produktiven Arbeitsklima während der Besprechung bei. Wenn Sie Zeit sparen wollen, sollten Sie statt: „Braucht es wirklich so viel Vorbereitung?“ vielleicht besser hin und wieder fragen: „Braucht es wirklich so viele Besprechungen?“

1.1.2 Ihre Aufgaben im Gespräch

Gerade in der konkreten Gesprächsführung wird es für Sie vielleicht besonders schwierig, Ihrer Doppelrolle als Leiterin oder Leiter einerseits und Teilnehmerin oder Teilnehmer andererseits gerecht zu werden. Da Sie selbst Interessen im Hinblick auf das Thema und das Ergebnis vertreten, besteht leicht die Gefahr, sich zu sehr in der Sachdiskussion zu engagieren. Zwingen Sie sich daher, Ihre Vormachtsstellung nicht auszunutzen, sondern eigene Sachbeiträge kurz und prägnant einzubringen (eine gute Gelegenheit übrigens, als Vorbild die Gesprächskultur zu prägen). Lenken Sie – z. B. mit einer Frage wie „Was gibt es aus Ihrer Sicht zu meinen Ausführungen zu sagen?“ – den Fokus immer wieder in die Besprechungsrunde. Zwingen Sie sich ebenso, Sachbeiträge, die nicht in Ihr eigenes Konzept passen, gleichberechtigt in die Diskussion zu geben und Zusammenfassungen oder Gesprächsergebnisse ohne persönliche Bewertung einzubringen. Nichtsdestotrotz dürfen und sollen Sie Ihre eigenen Standpunkte mit vollem Engagement vertreten.

Doch bevor Aufgaben der Gesprächsführung für Sie aktuell werden, gestalten Sie den Einstieg oder, wie es beim Polit-Talk heißen würde, die *Anmoderation*. Eine wichtige Aufgabe, denn gerade die Anfangsphase hat großen Einfluss auf den Verlauf der Besprechung und die Arbeitshaltung der Teilnehmenden. Wenn es Ihnen bereits zum Einstieg gelingt, die Besprechungsrunde positiv einzustimmen, stellen Sie die Weichen für eine weitere erfolgreiche Arbeit. Nicht umsonst heißt es im Volksmund ja auch „Wie man sich bettet, so liegt man“.

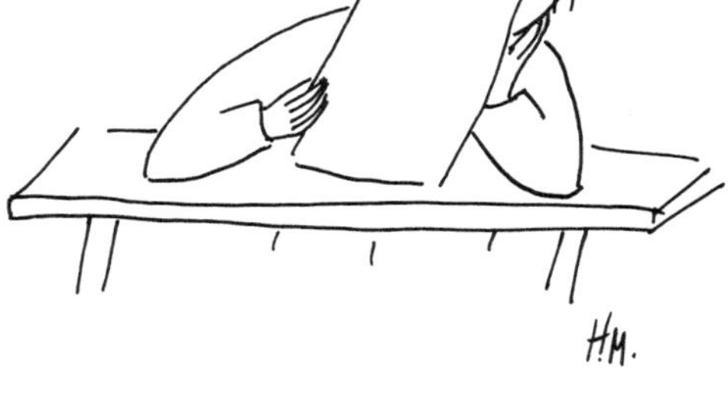

Die Gestaltung der Anmoderation

Schritt 1: Begrüßen, Vorstellen, Kennenlernen. Hier bereits senden Sie die ersten Signale persönlicher Wertschätzung oder machen im Gegenzug deutlich, dass in dieser Besprechung nur das Thema, nicht aber der Mensch zählt. Ein freundliches „Guten Morgen, schön, dass wir so pünktlich starten können“ mit Blick in die Runde lädt sicherlich stärker zur Mitarbeit ein als ein schnell in den Raum geworfenes „Guten Morgen, lassen Sie uns beginnen“. Neue Gesichter stellen Sie kurz vor bzw. geben nach Absprache die Möglichkeit für eine kurze Selbstvorstellung. Falls mehrere Anwesende sich noch nicht kennen und in dieser Runde vielleicht auch häufiger zusammenarbeiten werden, lohnt es sich, Zeit für eine ausführlichere Vorstellungsrunde zu investieren. Schließlich soll die Gruppe ja zusammen nachdenken, debattieren und vielleicht auch entscheiden.

Was tun, wenn …
Sie das klassische Vorstellungsritual „Name – Beruf – Verheiratet“ langweilt? Je nach Zeit, Interesse und Intensität hier eine Auswahl an unterschiedlichen Methoden zur Vorstellung:

- Einzelvorstellung frei, d. h. ohne Leitfragen, oder strukturiert, d. h. mit konkreten Fragen (z. B. nach Arbeitsschwerpunkten, Besonderheiten der Abteilung, Ausbildungshintergrund usw. und/oder privat nach Hobbies, Urlaubsvorlieben usw.).
- Partnerinterview, d. h. in Duos lernt man sich näher kennen und stellt dann die Gesprächpartnerin oder den Partner in der großen Runde vor.
- Steckbrief, d. h. jeder Teilnehmer und jede Teilnehmerin hält auf Flipchart schriftlich die wichtigsten Punkte zur Beschreibung der eigenen Person fest. Die Charts werden dann einzeln präsentiert, sie können aber auch im Raum aufgehängt und im Herumgehen vorgestellt werden.
- Gruppenprofil, d. h. die Teilnehmenden stellen sich zu bestimmten Fragen wie auf einer Skala auf. Anfangs- und Endpunkte sind vorgegeben, wie z. B. „Neu im Unternehmen – der Methusalem der Firma“, „Supersportler – Sportmuffel“ usw., oder bestimmte Positionen im Raum stehen für den Grad der Zustimmung oder Ablehnung zu einem vorgegebenen Satz, wie z. B. „Sport ist klasse!“.
- Strukturierter Smalltalk in wechselnden Kleingruppen, d. h. man findet sich zu bestimmten Themen, wie z. B. „Ich esse gerne italienisch“, „Ich habe ein Haustier“ usw., tauscht sich kurz aus und kommt beim nächsten Stichwort wieder mit anderen ins Gespräch.

Schritt 2: Themen und Ziele nennen. Warum und mit welchen Zielen wir heute in diesem Kreis über diese Themen sprechen ... Was wir am Ende der Sitzung erreicht haben wollen: Eine Entscheidung – einen ersten Gedankenaustausch – einen konkreten Maßnahmenkatalog – kreative neue Ideen? usw.

Schritt 3: Fahrplan abklären. Stellen Sie der Runde den organisatorischen (Zeitrahmen, Pausen, Verpflegung, Protokoll) wie auch den inhaltlichen Fahrplan (Tagesordnung, Methoden, einzelne Arbeitschritte) im kurzen Überblick vor und stimmen Sie Ihr Konzept mit den Erwartungen der Gruppe ab. Beantworten Sie Fragen, nehmen Sie Wünsche und Anträge entgegen und verändern Sie wenn nötig die Tagesordnung. So schaffen Sie „commitment" und machen Betroffene zu Beteiligten.

Schritt 4: Erwartungen an die Diskussionskultur formulieren. Passend zu den Besprechungszielen soll die Diskussion z. B. offen, fair, engagiert, kontrovers, lebhaft, intensiv, auf Gemeinsamkeiten ausgerichtet oder auf Unterschiedlichkeiten angelegt sein usw. Seien Sie sich bewusst, dass Sie hier starke Impulse in die Gruppendynamik geben und den „Geist" der Besprechung prägen. Konkrete Gesprächsregeln stimmen Sie mit der Gruppe ab bzw. legen Sie gemeinsam fest.

Schritt 5: Ins Thema einführen. Für jeden einzelnen Tagesordnungspunkt braucht es eine Einleitung und Hinführung zur eigentlichen Diskussion. Es gilt, die Bedeutung des Themas herauszuarbeiten, seine Vernetzungen aufzuzeigen, den Punkt gegen andere abzugrenzen und Ähnlichkeiten oder Besonderheiten herauszuarbeiten. Darüber hinaus sollte das Thema im Idealfall für die Teilnehmenden auch spannend und interessant werden. Wichtig dabei ist zum einen Ihr persönlicher „Auftritt" (s. Kap. 2.3.2):

- Suchen Sie Blickkontakt zu allen Beteiligten.
- Achten Sie auf eine aufrechte und gleichzeitig lockere Haltung und freie, lebendige Gestik.
- Sprechen Sie dynamisch und abwechslungsreich.

Und zum anderen eine Sprachrhetorik, die Aufmerksamkeit und Interesse schafft:

- Stellen Sie Hörerbezüge her, d. h. gehen Sie auf Probleme, Motive oder Gefühle der Besprechungsrunde ein, wählen Sie Beispiele oder Berichte aus deren direktem Umfeld oder zeigen Sie den Nutzen der Diskussion

für die Teilnehmenden auf. Psychologen sprechen in ähnlichem Zusammenhang von „personenzentrierten Texten“, die neben anderen Kriterien auch „Einfühlung in die seelische Welt des anderen“ ausdrücken (Langer et al. 2006, 159). Diese Art von Sprache erhöht Untersuchungen der Autoren zufolge die Verstehens- und Behaltensleistung von Sachtexten wie eben auch die persönliche Anregung des Lesers.
- Verwenden Sie Beispiele, Vergleiche und sprachliche Bilder.
- Geben Sie verbale Bedeutungshinweise, d. h. Formulierungen, wie z. B. „Es ist besonders wichtig, sich klarzumachen“ oder „Beachten Sie bitte“ oder „Besonders interessant dabei ist“ usw.
- Gestalten Sie Ihren Beitrag sprachlich interessant und abwechslungsreich. Nutzen Sie dafür rhetorische Stilmittel, wie z. B. Zitate, rhetorische Fragen, Ironie, Übertreibungen, Sprachspiele, humorvolle Bemerkungen usw.
- Nutzen Sie rhetorische Einstiegstechniken (nach Lemmermann 2000) wie die *Vorspann-Technik* (eine allgemein heitere Einstiegsbemerkung, Situationsbezüge, persönliches Erlebnis, Zitat, Geschichte, Bild, Cartoon), die *Aufhänger-Technik* (passend zum Thema ein aktuelles Ereignis, ein Beispiel, eine rhetorische Frage oder Zahlen, Daten, Fakten als Hintergrund) oder die *Denkreiz-Technik* (ein Bündel unkommentierter Fragen, Fakten oder Meinungen aus dem Themenbereich oder eine bewusst gewählte Provokation).
- Nicht zuletzt ist natürlich auch der gezielte Einsatz von Bildern und Medien geeignet, das Thema interessant, spannend und bedeutend zu gestalten.

Falls Sie jetzt vielleicht den Eindruck haben: „Die Anmoderation dauert ja länger als die eigentliche Sitzung“, sei abschließend nochmals deutlich gesagt: Es ist keinesfalls nötig, eine fünfminütige warmherzige Begrüßungsrede zu halten, um dann die nächsten zehn Minuten jede Person einzeln vorzustellen. Es geht nicht darum, Ziele mit sämtlichen Wenns und Abers zu reflektieren und jeden einzelnen Besprechungs-Keks anzukündigen und abzustimmen. Und natürlich muss bei der Einführung ins Thema nicht in einem umfangreichen Vortrag die ganze Palette rhetorischer Möglichkeiten ausgeschöpft werden. Jeder einzelne Prozessschritt kann und soll kurz und bündig gestaltet sein (es sei denn Thema, Situation oder Gruppenkonstellation machen es erforderlich, dass in eine bestimmte Phase der Anmoderation mehr Zeit investiert wird), darf aber nicht ausgelassen werden. Denn in der Einstiegsphase schaffen Sie Grundlagen: Sie gestalten eine gute Arbeitsbeziehung, sorgen für Sicherheit und Orientierung, Sie zeigen Ziele auf und motivieren dazu, diese zu erreichen – oder eben nicht.

Die Gesprächsgestaltung

Wenn das Gespräch dann endgültig startet, schlagen Sie Vorgehensweisen und Arbeitsmethoden vor, sorgen für die Einhaltung der jeweiligen Arbeitsschritte, behalten den Zeitplan im Auge und kümmern sich darum, dass der Gesprächsprozess anläuft und die Diskussion engagiert, aber auch diszipliniert geführt wird. Durch zielorientierte Fragen (s. Kap. 1.2.1, z. B. „Mit welchen Erwartungen sind Sie hierhergekommen?“, „Was brauchen Sie, um sich entscheiden zu können?“, „Wie stehen Sie zu …?“) oder konkrete Arbeitsaufträge (z. B. „Bitte formulieren Sie in einem Satz Ihre Erwartungen“, „Halten Sie am Flipchart stichwortartig Rahmenbedingungen fest, die Sie für eine Entscheidung brauchen“, „Ich bitte um Ihren Standpunkt zum Thema“) setzen Sie Impulse für den Gesprächsprozess und *bringen die Diskussion in Gang.*

Eine Ihrer Kernaufgaben im Gesprächsverlauf ist es, auf die Einhaltung förderlicher Gesprächsregeln zu achten. Es empfiehlt sich, zu Beginn der Besprechung (Schritt 4 der Anmoderation) zusammen oder in Abstimmung mit den Teilnehmenden Regeln für die Gesprächsgestaltung und den Umgang miteinander festzulegen. Es fällt dann im Verlauf der – vielleicht hitzigen – Diskussion sehr viel leichter, das Gesprächsverhalten der Gruppe zu steuern und die nötige Disziplin einzufordern. Schließlich hat man sich ja bewusst darauf eingelassen, dass man sich z. B. kurz fassen möchte und empfindet ein Eingreifen der Gesprächsleitung so nicht als Maßregelung. Hier sind einige Regel-Vorschläge für Ihre Gesprächspraxis:

- Nur eine Person spricht.
- Wir sprechen per „ich“ und nicht per „man“.
- Wir fassen uns kurz (ggf. Redezeit festlegen).
- Wir bleiben beim Thema (außer bei Störungen).
- Wir lassen uns ausreden.
- Wir hinterfragen Behauptungen und fordern Erläuterungen oder Belege ein.
- Bevor wir einen Beitrag kritisieren, überprüfen wir zuerst das eigene Verständnis.
- Wir üben Kritik an der Sache, nicht an der Person.
- Wir beachten Körpersignale, z. B. Erschöpfung, inneres Abwenden, Desinteresse.
- Wir melden uns, wenn wir unzufrieden sind.

Die Anzahl der Gesprächsregeln muss dabei natürlich überschaubar und handhabbar bleiben und wird je nach Gruppendynamik andere Schwerpunkte haben.

Was tun, wenn …
Besprechungsteilnehmende die Regeln übertreten?

- Weisen Sie sachlich und ohne Vorwurf auf die entsprechende Gesprächsregel hin.
- Heben Sie hervor, dass der oder die Teilnehmende mit den Gesprächsregeln einverstanden war – was spricht jetzt also gegen die Einhaltung?
- Sorgen Sie dafür, dass die Gesprächsregeln für alle sichtbar visualisiert werden.
- Bei gravierenden Übertretungen (z. B. massiver persönlicher Angriff) stoppen sie den Redner bzw. die Rednerin sofort und fordern Sie die Einhaltung der entsprechenden Regel ein.
- Reagieren Sie bereits beim ersten Regelverstoß. Je länger Sie zusehen, desto mehr verliert die Regel an Wert und umso schneller verfestigt sich das unerwünschte Verhalten.

Sie *regeln und vertiefen den Gesprächsprozess*, indem Sie

- die Reihenfolge der Wortmeldungen festlegen;
- um das Wort bitten;
- Zeit- und Programmablauf kontrollieren;
- bei unklaren Äußerungen nachfragen (z. B. „Was genau meinen Sie?“);
- Abschweifungen, unnötige Rückblicke oder Vorgriffe gezielt auf das Thema hin abfangen oder umlenken (z. B. „Wie beziehen sich Ihre Ausführungen jetzt konkret auf unser Thema?“);
- Gedanken, Informationen oder Argumente erst sammeln und im Anschluss diskutieren, so dass jeder Aspekt eine Chance bekommt, auch die „Außenseiter“;
- immer wieder zusammenfassen, sowohl einzelne (längere) Beiträge wie auch den Stand der Diskussion;
- immer wieder Impulse in den Gesprächsprozess geben;
- regelmäßig das Verständnis kontrollieren (z. B. „Welche Fragen haben Sie noch?“);
- störende Zwischenrufe unterbinden;
- Seitengespräche in die Diskussion einbinden;
- keine Kreuz-und-Quer-Diskussionen zulassen;
- permanent für Transparenz sorgen (Wo stehen wir? Wo wollen wir hin?)

Sie *motivieren für das Gespräch* und schaffen eine positive Arbeitsenergie, indem Sie

- für die Beteiligung aller sorgen, d. h. Sie halten immer mit der ganzen Gruppe Blickkontakt (auch wenn Sie z. B. eine Frage beantworten), Sie geben das Thema immer wieder als Arbeitsauftrag oder Frage in die gesamte Runde (auch wenn sich z. B. speziell zwischen zwei Personen eine Debatte zu diesem Punkt entwickelt) und Sie sprechen Teilnehmende direkt an, wenn sie deutlich nonverbale Zeichen setzen, dass sie etwas sagen wollen;
- immer wieder die Bedeutung des Themas herausstellen;
- Zwischenergebnisse darstellen und würdigen, um der Gruppe zu zeigen, dass bereits etwas erarbeitet wurde;
- immer wieder auf die Ziele hinweisen und deutlich machen, wie wichtig und lohnenswert es ist, sie zu erreichen;
- Engagement, Lockerheit, Zielorientierung und Wertschätzung anderen gegenüber vorleben und die Besprechungsrunde damit „infizieren".

Was tun, wenn …
der Gesprächsprozess stockt oder blockiert ist?

- Fassen Sie kurz zusammen und starten Sie nochmals neu (neue Themendarstellung, neue Frage, ggf. neue Arbeitsmethode).
- Legen Sie ggf. eine Pause ein.
- Und wenn Sie damit nicht weiterkommen: Beschreiben Sie Ihre Wahrnehmung und fragen Sie, was los ist.

In Ihrer Leitungsfunktion sollten Sie *alle Teilnehmenden im Blick haben*, d. h. sich auch stiller oder passiver Teilnehmender bewusst werden und diese gezielt zur Diskussion ermuntern. Steinherr und Behringer (1998) zufolge gilt auch in Besprechungen das Pareto-Prinzip (bekannt z. B. aus dem Zeitmanagement). Man kann als Richtwert davon ausgehen, dass 80 Prozent der Beiträge von nur 20 Prozent der Teilnehmenden geleistet werden. Es ist also in jeder Besprechung damit zu rechnen, dass einige sich gar nicht oder lediglich sporadisch an der Diskussion beteiligen. Dabei sagt die Häufigkeit der Beiträge aber nichts über die Qualität derselben aus, und die Zurückhaltung mancher Teilnehmender bedeutet keineswegs, dass sie nichts Substanzielles beizusteuern hätten. Nutzen Sie das Potenzial und das Wissen der gesamten Gruppe und holen Sie die Stillen ins Boot, z. B. durch Blickkontakt, leicht zu beantwortende Fragen (wie z. B. „Welche Erfahrungen haben Sie denn bisher mit dem Einsatz von Berufspraktikanten in Ihrer Abteilung gemacht?“) oder indem Sie die wenigen Wortbeiträge verstärken und als wertvoll hervorheben, so dass Sicherheit und Redefreude wachsen.

Sofern im Verlauf der Besprechung Konflikte auftreten, zählt zu den Aufgaben der Gesprächsleitung schließlich auch die *Konfliktklärung*. Hintergrundwissen und Verhaltensempfehlungen zu diesem Punkt finden Sie im 3. Kapitel.

Darüber hinaus liegt es in Ihrer Verantwortung, für jeden einzelnen Tagesordnungspunkt ein tragfähiges Ergebnis herauszuarbeiten und festzuhalten und das Gespräch dann letztlich auch abzuschließen. Wenn Sie das *Ergebnis anbahnen*, geht es sozusagen in einer letzten Runde noch einmal darum, einerseits den Überblick über Richtungen und Kernaussagen zu behalten, die sich im Verlauf der Besprechung herauskristallisiert haben, und andererseits noch vorhandene Unklarheiten aufzudecken, zu präzisieren und erneut zur Diskussion zu stellen.

Wenn dieser Prozess abgeschlossen ist, kommt es i. d. R. zu einer *Entscheidung* (es sei denn, das Besprechungsziel war lediglich ein Sammeln und Darstellen von Ideen, Informationen oder Argumenten, ohne dass eine Auswahl erfolgen musste). Welches Verfahren, welchen Vorschlag, welches Produkt etc. wählen wir? Welche Ideen, Konzepte

oder Forderungen wollen wir weitergeben? Was konkret können wir vereinbaren? Wer soll welche Aufgaben bis wann übernehmen? usw. Bereits bevor Sie in die konkrete Gesprächsarbeit einsteigen, sollte für alle Beteiligten klar sein, nach welchen Kriterien letztlich entschieden wird. Abhängig von Thema, Zielen, Rahmenbedingungen und nicht zuletzt den betroffenen Personen stehen unterschiedlichste Möglichkeiten zur Wahl, z. B.:

- Mehrheitsentscheid (per Hand, anonym, Einpunktabfrage s. Kap. 1.2.2),
- einstimmiger Beschluss,
- wer schweigt, stimmt zu, d. h. wenn kein Widerspruch kommt, gilt das letzte Wort,
- nur wer persönlich unmittelbar betroffen ist, mitarbeitet oder Verantwortung trägt, entscheidet,
- die Reihenfolge entscheidet, d. h. wer sich zuerst meldet, bekommt z. B. eine interessante Aufgabe, die Dienstreise oder die Gelegenheit, das Projektergebnis zu präsentieren,
- es gibt ein Vetorecht, d. h. es müssen nicht alle dafür sein, aber es darf niemand explizit dagegen sein,
- Autoritätsentscheidung, d. h. die Besprechungsrunde gibt Vorschläge oder Konzepte an eine Führungskraft weiter,
- Expertenentscheidung, d. h. fachkompetente Personen von außen entscheiden,
- die Gesprächsleitung entscheidet oder
- das Los entscheidet (sicher nicht unbedingt die beste aller Alternativen, aber bei „Gleichstand" hin und wieder durchaus tauglich und vor allem zeitsparend, z. B. wenn alle immer gerne den Schweinebraten beim Betriebsfest essen, Pizza aber auch mal nicht schlecht wäre).

Was tun, wenn …
es Verlierer gibt?

- Suchen Sie das Gespräch.
- Fragen Sie nach, wie der oder die Betroffene mit der Negativ-Entscheidung umgehen wird (nur selten kommt ein Satz wie „Ich werde die Entscheidung mit aller Kraft boykottieren". Meist eher ein „Na ja, dann werde ich halt in den sauren Apfel beißen müssen").
- Verstärken Sie diese „Halb-Zusagen" (z. B. „Das heißt, Sie werden uns nach wie vor Ihr Fachwissen zur Verfügung stellen") und sprechen Sie Anerkennung dafür aus.
- Fragen Sie nach, was er oder sie braucht, um weiter engagiert mitarbeiten zu können (häufig werden auf diese Frage kleine Punkte

nachverhandelt, die relativ leicht erfüllt werden können und für die Betroffenen Wertschätzung und eine Art Entschädigung bedeuten, z. B. „Da möchte ich aber noch genauer zum Punkt XY informiert werden“ oder „Ich möchte dann aber auf keinen Fall an der Präsentation der Ergebnisse beteiligt sein“).

Stimmen Sie die Entscheidungskriterien mit der Gruppe ab, begründen Sie Ihre Wahl, wägen Sie Nachteile und Vorteile gegeneinander ab und holen Sie sich im Idealfall ein allgemeines Nicken ab – vor allem, wenn Sie die letztendliche Entscheidung alleine treffen. Und selbst wenn nicht alle einverstanden sind, kann Ihnen so wenigstens niemand vorwerfen, Sie hätten willkürlich entschieden und würden die Gruppe ohnehin nur als Alibi betrachten.

Was jetzt inhaltlich noch ansteht, ist das Protokoll, also die *Ergebnissicherung*, damit Besprechungsergebnisse nicht im Sande verlaufen oder gar im Nachhinein so viele Varianten der getroffenen Entscheidungen wie Teilnehmende im Umlauf sind (die Wahrnehmung ist schließlich sehr subjektiv, s. Kap. 3.1.1). Die Tatsache, dass ein Protokoll verfasst wird, erhöht darüber hinaus die Verbindlichkeit der Besprechung und die Disziplin der Teilnehmenden. Für immer wiederkehrende Sitzungen (z. B. Teambesprechung oder Projektsitzung) lohnt es sich, ein Formblatt zu erstellen, das dann nur noch mit den entsprechenden Inhalten gefüllt werden muss. Geben Sie die Aufgabe der Protokollführung an eine Person aus der Besprechungsrunde ab. So bleiben Sie frei für Ihre – nicht wenigen – Aufgaben in der Gesprächsführung und unterstreichen gleichzeitig Ihre inhaltliche Neutralität. Achten Sie aber darauf, dass das Protokoll mit der Gruppe oder zumindest mit Ihnen abgestimmt und zeitnah verschickt wird.

Was tun, wenn …
wieder einmal niemand aus der Besprechungsrunde sich berufen fühlt, Protokoll zu führen?

- Fragen Sie Ihre Wunschkandidaten am besten bereits im Vorfeld.
- Suchen Sie ein Gruppenmitglied, das die Aufgabe gerne übernimmt und fest beibehält.
- Führen Sie ein rotierendes System ein, so dass klar wird: Alle kommen irgendwann dran.
- Machen Sie deutlich, wie wichtig diese Aufgabe ist.
- Lösen Sie die Blockade, indem Sie humorvoll spiegeln (z. B. „Ich sehe, alles drängt sich vor“).

- Blicken Sie auffordernd in die Runde und schweigen Sie lange genug – irgendwann wird immer jemand schwach.

Nachfolgend werden drei besprechungstaugliche Protokollformen beschrieben. Eine umfassende Darstellung sowie auch Tipps und Anregungen zur formalen und sprachlichen Gestaltung von Protokollen findet sich bei Cerwinka und Schranz (2007). Jede Protokollform nennt:

- Anlass (z. B. Projektsitzung, Teamsitzung, Arbeitskreis XY, Führungskreissitzung usw.),
- Datum und Uhrzeit,
- Ort,
- Teilnehmende (die ganze Zeit über da oder nur in einer bestimmten Phase),
- Personen, die eingeladen waren, aber nicht teilgenommen hatten, und alle Personen, die darüber hinaus ein Protokoll erhalten (Verteiler), und
- den Namen des Protokollführers oder Protokollführerin (ggf. mit Unterschrift).

Unterschiede liegen in der Aufbereitung und Intensität der Inhalte:

1. Das Ergebnisprotokoll

- ist kurz und übersichtlich gestaltet und beschreibt gezielt Ergebnisse und Entscheidungen zu jedem einzelnen Tagesordnungspunkt.
- Ergänzungsvorschläge, Anträge, Fragen oder weiterführende Ideen aus der Besprechungsrunde können stichwortartig ergänzt werden,
- ebenso wichtige Argumente und Gedankengänge.
- Bevor ein Ergebnis ins Protokoll aufgenommen wird, sollte der Inhalt der Gruppe noch einmal vorgetragen bzw. gezeigt werden.

2. Das Verlaufsprotokoll

- stellt nicht nur die Ergebnisse dar, sondern gibt auch Einblick in den Gesprächsprozess.
- Alle wesentlichen Beiträge, Pro- und Contra-Argumente, Informationen, Fragen oder Einwände werden sinngemäß beschrieben.
- Ebenso wird festgehalten, von wem welcher Aspekt eingebracht wurde.
- Eine wortwörtliche Mitschrift (wie etwa im Bundestag) ist aber in der Besprechung i. d. R. nicht nötig.
- Die Anforderungen an den Protokollführer oder die Protokollführerin

sind hier deutlich höher, als wenn nur ein Ergebnisprotokoll erstellt wird. Sie oder er sollte in der Lage sein, Informationen strukturiert und prägnant darzustellen, auch Meinungen, die gegen die eigenen Interessen stehen, neutral und korrekt wiederzugeben, Wichtiges von Unwichtigem zu unterscheiden, sollte auch bei hektischer Diskussion konzentriert bleiben und nicht zuletzt sicher in Grammatik, Rechtschreibung und sprachlichem Ausdruck sein.

3. Das Fotoprotokoll

- bietet sich an, wenn Sie in der Besprechung mit Visualisierungen bzw. Metaplantechniken arbeiten.
- Sämtliche Charts, die im Verlauf der Besprechung entstanden sind, werden mit einer hochauflösenden Digitalkamera abfotografiert.
- So werden sowohl die Ergebnisse wie auch der Arbeitsprozess dokumentiert.

4. Es sind natürlich auch Mischformen möglich, z. B.

- dass nur ein (vielleicht besonders kritischer) Tagesordnungspunkt in seinem Verlauf protokolliert wird oder
- dass zusätzlich zum Fotoprotokoll die Ergebnisse noch einmal abgeschrieben werden.

Eine wichtige Phase ist aber auch der *Abschluss des Gesprächs*. Nehmen Sie diese letzte Aktion ernst und gestalten Sie auch den Ausstieg kompakt und verbindlich, denn der Abschluss der einen Sitzung bereitet bereits den Boden für die nächste.

„Mehr als die Teilnehmer sollte schon rauskommen ...“

- Fassen Sie noch einmal kurz die wichtigsten inhaltlichen Aspekte zusammen.
- Verabschieden Sie das Protokoll.
- Würdigen Sie die Ergebnisse und die Zusammenarbeit (natürlich nur, wenn Sie es auch ehrlich meinen!).
- Konkretisieren Sie das weitere Vorgehen:
  - Wie wird mit den Ergebnissen weitergearbeitet?
  - Was passiert mit den Punkten, die heute nicht bearbeitet wurden?

- Nennen Sie Termin und ggf. Themenschwerpunkte für die nachfolgende Sitzung.
- Verabschieden Sie die Teilnehmenden:
  - Sprechen Sie deutlich und mit Blick in die Runde und
  - vermitteln Sie Freundlichkeit, Wertschätzung und eine positive Aussicht auf die weitere Zusammenarbeit in dieser Runde.

1.1.3 Ihre Aufgaben im Nachgang der Besprechung

Wenn Sie Verantwortung für die inhaltliche Umsetzung der Ergebnisse tragen (z. B. als Projektleiterin oder Projektleiter), bleiben Sie auch nach der Besprechung in dem Thema aktiv und kontrollieren die Abarbeitung der einzelnen Arbeitspakete oder sorgen dafür, dass die Ergebnisse in den nächsten Entscheidungskreis weitergegeben werden, entsprechend im Unternehmen verbreitet werden, dass Lieferanten oder Kunden informiert werden usw. Unabhängig vom Ergebnis und den geplanten Maßnahmen, nehmen Sie sich aber auch Zeit zur persönlichen Reflexion. Fragen Sie sich:

- Waren meine Methoden, das Thema zu bearbeiten, geeignet? Welche Erfahrungen habe ich in der Umsetzung der unterschiedlichen Arbeitsmethoden gemacht?
- Wie bin ich meinen Leitungsaufgaben im Gespräch gerecht geworden? Fragen, Strukturieren, Zusammenfassen, Umgang mit Konflikten usw. Was kann ich schon sehr gut? Woran will ich noch arbeiten?
- Wie schätze ich mein persönliches Auftreten ein? Gelingt es mir, die Gruppe mitzureißen? Habe ich immer die Aufmerksamkeit? Wirke ich gelassen oder hektisch? usw.

Aus diesen Erfahrungen heraus definieren Sie für sich Lernziele. Was *konkret* nehme ich mir für die nächste Besprechung vor? Überfordern Sie sich aber nicht und nehmen Sie sich nicht zu viel vor. Lieber nur eine Veränderung, die aber wirklich.

Noch breiteres Lernen wird möglich, wenn Sie sich nicht nur auf Ihre eigene Einschätzung verlassen, sondern im Anschluss an die Besprechung die Rückmeldung der Gruppe einholen. Zum einen erhalten Sie ein differenziertes und weniger persönlich gefärbtes Bild Ihrer Besprechungsarbeit und gleichzeitig nehmen Sie die Teilnehmenden in die Pflicht. Denn nicht nur Sie in der Leitungsfunktion sind für eine gelingende Zusammenarbeit verantwortlich, sondern auch jeder Teilnehmer und jede Teilnehmerin. Signalisieren Sie: Statt Jammern oder

Motzen sind Verbesserungsvorschläge gefragt. Aus den Erkenntnissen dieser Feedback-Schleife – Ergebnisse schriftlicher Abfragen teilen Sie der Gruppe in der nächsten Sitzung differenziert mit – leiten Sie dann gemeinsam mit der Gruppe neue Ziele und konkrete Vereinbarungen für die Zusammenarbeit ab. Methodisch schlagen wir Ihnen folgende Möglichkeiten vor:

- Blitzlicht, d. h. reihum teilt jede Teilnehmerin und jeder Teilnehmer kurz und ohne Diskussion Stimmung und Erleben und/oder Wünsche und Anträge für die nächste Sitzung mit.
- Stimmungsbarometer, d. h. per Klebepunkt wird auf einer Skala die persönliche Stimmung oder Zufriedenheit festgehalten, um einen grundlegenden Eindruck zu bekommen. Wenn alles passt, können Sie im Großen und Ganzen so weitermachen. Sollte das Ergebnis aber negativ ausfallen, müssen Sie aktiv nach den Gründen und Änderungswünschen fragen.
- Strukturiertes mündliches oder schriftliches Feedback, z. B. was sollten wir beim nächsten Mal beibehalten, was nicht mehr tun, und womit sollten wir anfangen?
- Fragebogen zu methodischen Aspekten (Einladung, Raum, Zeitmanagement, Arbeitsmethoden, Verhalten der Gesprächsleitung etc.) und zum Gruppenklima (Wertschätzung, Gesprächsverhalten, Offenheit etc.)
- Einsammeln von konkreten Verbesserungsvorschlägen. Aus Ihrem Erleben der heutigen Sitzung heraus: Was konkret sollen wir in der nächsten Besprechung anders machen? (Mündlich, als Zurufabfrage am Flipchart oder per Kartenabfrage, s. Kap. 1.2.2).

Die eine Variante ist hier nicht besser als die andere. Prüfen Sie, was Ihnen als Person näherliegt (z. B. mündlich oder schriftlich) oder was ggf. im Unternehmen schon bekannt und verbreitet ist. Entscheidend ist, dass Sie die Rückmeldungen aus der Gruppe auch wirklich hören wollen und kritisches Feedback annehmen und als Chance zur Verbesserung sehen können. Denn wer nichts haben will, bekommt eben auch nichts.

1.2 Welche Methoden Sie nutzen können

Nachdem Sie erfahren haben, WAS es in der Besprechung alles für Sie zu tun gibt, möchten wir Ihnen nun einige Tipps für das WIE der Besprechungsleitung geben. Wir stellen Ihnen nachfolgend eine Reihe konkreter Methoden und Techniken vor, die Ihnen helfen sollen, Ihre „Besprechung mit Biss“ zielgerichtet und souverän zu führen.

1.2.1 Techniken der Gesprächssteuerung

Wenn hier von Methoden und Techniken die Rede ist, dann soll dies keineswegs bedeuten, dass Sie in Ihrer Gesprächsführung „technisch", d. h. unpersönlich und mit immer gleichem Verhalten, agieren sollen. Was wir damit meinen, ist: Es gibt bestimmte Verhaltensmuster, die nach aller psychologisch-rhetorischer Erfahrung mit großer Wahrscheinlichkeit bestimmte Wirkungen nach sich ziehen. Und diese Verhaltensmuster sind nicht angeboren, sondern erlernbar. Dabei geht es aber nicht etwa um formelhaftes Aufsagen lehrbuchmäßiger Formulierungen, sondern darum, dass Sie das Grundprinzip und die Funktion nachfolgender Gesprächstechniken verstehen und bewusst einsetzen.

Zielorientiertes Fragen

Wie gesagt ist es Aufgabe der Gesprächsleitung, Diskussionsprozesse in Gang zu setzen und zu vertiefen. Dafür brauchen Sie eine gute Frage. Spielen Sie Ihre Fragen im Vorfeld gedanklich durch und prüfen Sie, ob mögliche Antworten tatsächlich auf Ihre Gesprächsziele hinführen.

- Was könnte aus der Runde geantwortet werden, wenn ich diese Frage stelle?
- Welche neuen Themen könnten sich ergeben?
- Wie schwierig oder leicht ist es, diese Frage zu beantworten?
- Führt die Frage zu einem Informationsaustausch oder bringt sie die Gruppe in die Auseinandersetzung?
- Ist diese Frage geeignet, das Thema breiter aufzufächern oder fokussiert sie auf einen bestimmten Punkt?
- Wirft die Frage eher Konflikte auf oder lenkt sie auf Gemeinsamkeiten hin?
- Führt die Frage zu einer intensiven sachlichen Auseinandersetzung oder zielt sie auf persönliche Erfahrungen, Einstellungen oder Haltungen?
- usw.

Wenn Sie z. B. einen offenen und engagierten Meinungsaustausch anregen wollen, wäre eine verharmlosende Frage wie „Könnte es hier vielleicht etwas unterschiedliche Vorstellungen geben?" sicher nicht besonders zielführend. Ebenso würde ein ruppiges „Wie sollen wir das Problem denn nun lösen?" den gewünschten kreativen Prozess sicher eher blockieren als fördern. Ihre Fragen müssen also zielorientiert sein und darüber hinaus sollten sie

- herausfordern und betroffen machen (fragen Sie z. B. statt allgemein: „Welche Lösungen für das Problem sind aus Ihrer Sicht möglich?" besser: „Wie könnten Sie das Problem lösen?") und
- sich an die Erfahrungen und das Erleben der Teilnehmenden richten (z. B. statt: „Wie lässt sich Kundenorientierung in unserem Haus umsetzen?" besser: „Wenn Sie selber Kunde bei uns wären ... Was erwarten Sie von uns?").

Neben diesen *offenen* oder besser *öffnenden Fragen*, die das Gespräch entwickeln und Stoff für die Diskussion liefern (z. B. „Wann war das?", „Wer war beteiligt?", „Welche Kunden waren betroffen?"), haben Sie auch die Möglichkeit, mit *geschlossenen* oder *schließenden Fragen* konkrete Informationen einzuholen (z. B. „Brauchen wir dafür die Zustimmung des Abteilungsleiters?", „Haben Sie das Protokoll der letzten Sitzung gelesen?") und das Gespräch zum Abschluss zu bringen (z. B. „Können wir das dann so festlegen?", „Ist das für alle damit klar?", „Gibt es noch irgendwelche Fragen, bevor wir festlegen ...?").

Allgemeine, unklare und unverbindliche Aussagen hinterfragen Sie mit einer *Konkretisierungsfrage*. Sie fragen z. B.: „Was genau stört Sie?", „Was genau wird nicht funktionieren?" oder „Wie kommen Sie darauf, dass es hier Probleme geben könnte?", „Was bringt Sie zu dieser Ansicht?" oder „Was konkret meinen Sie, wenn Sie sagen ...?" Vermeiden Sie dabei aber die Warum-Frage. Ein *Warum* kann Rechtfertigungsdruck erzeugen und wird innerlich manchmal gleichgesetzt mit einem *Wie kannst Du nur?*. Übrigens passt ein Wort im Prinzip immer, wenn Sie Genaueres erfahren wollen, nämlich das Wort: *Inwiefern?* Ein echter „Frage-Dietrich" (z. B. „Das wird so nicht gehen" – „Inwiefern?" oder „Ich sehe das ganz anders" – „Inwiefern?" oder „Sie haben doch keine Ahnung!" – „Inwiefern?").

Strukturierendes Zusammenfassen

Diese Technik nutzen Sie, um den Status quo der Diskussion aufzuzeigen und auf offene Fragen, Widersprüche oder Gemeinsamkeiten hinzuweisen. So behalten die Teilnehmenden die Orientierung, und ein Abschweifen vom Thema wird verhindert. Nach der Zusammenfassung schließen Sie das Thema entweder ab oder geben es erneut gezielt in die Besprechungsrunde.

- Mit eigenen Worten,
- auf das Wesentliche reduziert und
- in Kernaussagen gegliedert

geben Sie die Äußerungen einzelner Personen wieder bzw. fassen Sie den Stand der Gruppendiskussion zusammen. Dies ist umso notwendiger, je unklarer Teilnehmende formulieren und je mehr verschiedene Gedanken in einem Statement oder in der Debatte aufeinandertreffen. Hier ist die ordnende Hand der Gesprächsleitung gefragt, z. B. „Sie haben eben zwei widersprüchliche Aspekte angesprochen: Den Kostengedanken und die Vorteile, die Sie sehen. Ich will zunächst den Kostengedanken zur Diskussion stellen." – „Im Moment diskutiert die Gruppe das Thema auf zwei Ebenen: Die einen gehen von der Führungsseite aus, die anderen von der Seite der Mitarbeiter. Welchen Aspekt wollen wir zuerst besprechen?" – „Sie haben eben deutlich den Zusammenhang mit unserem Unternehmensleitbild herausgestellt. Damit ist meine nächste Frage bereits beantwortet. Gehen wir gleich in die Umsetzung."

Wertschätzendes Unterbrechen

Auch wenn es höflich und vielleicht sogar in den Gesprächsregeln festgelegt ist – hin und wieder können Sie eine Teilnehmerin oder einen Teilnehmer ganz einfach nicht ausreden lassen. Häufig ohne jede böse Absicht kommen Vielredner nicht auf den Punkt, schweifen außerordentlich Engagierte weit vom Thema ab oder kommt der eine oder die andere gar nicht erst auf dieses zu sprechen. Spätestens dann müssen Sie eine Atempause nutzen und eingreifen. Neben dem deutlichen Hinweis auf die Ausgangsfrage und die Gesprächsregel „Fasse Dich kurz", bleibt Ihnen auch die eher smarte sprachrhetorische Variante des wertschätzenden Unterbrechens.

- Sie geben eine kurze Zusammenfassung der Äußerung (mit eigenen Worten und auf das Wesentliche reduziert),
- Sie kommentieren das Gesagte positiv (z. B. „Sicher ein spannender Punkt", „Kann ich sehr gut nachvollziehen", „Sicher auch wichtig" usw. – natürlich sollte Ihre Aussage ehrlich sein) und
- übernehmen dann die Führung, indem Sie
  - den Punkt abbrechen (z. B. „Müsste man in einem anderen Kreis besprechen", „Können wir heute nicht klären", „Führt uns zu sehr ins Detail", „Sprengt den Rahmen", „Braucht mehr Zeit" usw.),
  - die Thematik von der Person wegnehmen und in die Gruppe geben (z. B. „Ich frage gleich mal in die Runde: Wie sehen Sie das Problem?)" oder

- eine zielorientierte Nachfrage stellen (z. B. „Was mich in dem Zusammenhang besonders interessiert: Wie haben die Kunden darauf reagiert?").

Entscheidend ist es, dem Teilnehmer oder der Teilnehmerin durch die Zusammenfassung deutlich zu machen: Ich habe bis hierher gut zugehört und nehme den Beitrag sehr ernst. Es geht also darum, Aufmerksamkeit und Wertschätzung zu vermitteln, so dass die Unterbrechung bzw. das Abbrechen nicht als persönliche Missachtung empfunden wird, sondern als sachlich nachvollziehbar.

Was tun, wenn ...
der oder die andere sich einfach nicht unterbrechen lässt?

- Lassen Sie sich nicht entmutigen, manchmal ist Hartnäckigkeit angesagt.
- Erkämpfen Sie sich Ihr Rederecht, melden Sie sich körpersprachlich an (vorbeugen, kurzes Nicken, Geste) und sprechen Sie etwas lauter und besonders deutlich.
- Vergessen Sie auf keinen Fall die Zusammenfassung. Sie ist der Schlüssel zum Gelingen, denn nur so vermitteln Sie Akzeptanz.
- Nehmen Sie auch während der Zusammenfassung schon Blickkontakt zur Gesamtgruppe auf und gehen Sie mit Ihrem Blick immer mehr weg von der Person, die Sie unterbrechen müssen. Wenn Sie im Blickkontakt bleiben, laufen Sie Gefahr, dass er oder sie sich vielleicht eingeladen fühlt, noch einmal neu anzusetzen.

Spiegeln

Immer wenn Verhaltensweisen der Gesamtgruppe oder einzelner Personen nicht zielführend oder gar störend sind, ist es Ihre Aufgabe einzugreifen, das Sachthema zu verlassen und die Gesprächsdisziplin wiederherzustellen. Auf keinen Fall sollten Sie dann die Betroffenen ermahnen („Seien Sie doch bitte sachlich!"), maßregeln („Sie halten sich nicht an die Gesprächsregeln!") oder im Oberlehrerton auf das schlechte Benehmen hinweisen („Wo bleibt die Konzentration meine Damen und Herren!"). So provozieren Sie nur Widerstand und verstärken unter Umständen das negative Verhalten.

Spiegeln Sie stattdessen: Sprechen Sie sachlich an, was Sie wahrnehmen, was Sie sehen, hören oder fühlen und welche Konsequenzen Sie ggf. erwarten. Vermeiden Sie dabei jede Art von Bewertung, Vorwurf oder Unterstellung. So bewirken Sie ein Innehalten bei den Betroffenen, die ihr eigenes Gesprächsverhalten plötzlich von außen sehen und reflektieren können. Erst dann fordern Sie Gesprächsregeln ein oder führen zum Thema zurück, z. B.: „Stopp: Sie reden alle durcheinander – so verpuffen wichtige Argumente – bitte wie vereinbart einer nach dem anderen“ oder „Im Moment sucht die gesamte Runde nach Schuldigen – das wird uns nicht weiterbringen – meine Frage heißt nach wie vor: Wie können wir das Problem gemeinsam lösen?“ oder „Herr X, Sie gehen schon sehr ins Detail – wir wollten im ersten Schritt zunächst die Rahmenbedingungen klären“ oder „Frau Y, Sie haben sich bisher noch nicht zu den Vorschlägen geäußert – ich brauche hier jede Meinung – welches Konzept halten Sie für sinnvoll?“ Wichtig beim Spiegeln ist also:

- Beschreiben Sie ganz konkret und ohne Bewertung das unerwünschte Verhalten.
- Zeigen Sie mögliche Konsequenzen auf.
- Fordern Sie Vereinbarungen ein.
- Vermitteln Sie Wertschätzung und Respekt.

Was tun, wenn ...
Sie absolut keine Wertschätzung empfinden, sondern sich einfach nur über die anderen ärgern?

- Schon in der Bibel heißt es: „Wehret den Anfängen.“ Greifen Sie frühzeitig ein. Je länger Sie zusehen, desto stärker wird Ihr Unmut und desto schwerer wird es, sachlich zu bleiben.
- Machen Sie sich bewusst, dass Sie die meisten Dinge von zwei Seiten betrachten können. Wer z. B. nie auf den Punkt kommt, sieht viele Details – wenn die Gruppe durcheinanderredet, ist das Engagement hoch – wer nicht zuhört, ist stark mit seinen eigenen Punkten beschäftigt, und wer Ihre Vorschläge nicht ernst nimmt, gibt Ihnen eine Chance, sich zu beweisen. Wenn Sie sich für die Positiv-Variante entscheiden, fällt es sicher leichter, gelassen zu bleiben.

Übersetzen

Wenn Sie zusammenfassen, nutzen Sie die Gelegenheit, schwer verständliche Äußerungen so zu „übersetzen“, dass sie nachvollziehbar werden und missverständliche Untertöne herausfallen. Eine Erklärung, die gespickt ist mit Fremdwörtern z. B., sollten Sie „eindeutschen“. Weitschweifige Ausführungen mit völlig unklarer inhaltlicher Aussage bieten Sie der Gruppe noch einmal kurz und bündig an, und zwar mit Ihrer Hypothese von der Aussage (z. B. „Ich denke mal, es geht Ihnen hier besonders um ...“). Natürlich müssen Sie bereit sein, sich korrigieren zu lassen, falls Ihre Interpretation so nicht stimmt.

Übersetzen hat aber auch die Funktion, unnötige Spannungen oder Konflikte zu vermeiden, die missverständliche Formulierungen vielleicht auslösen könnten. Beispielsweise kann ein Satz wie „Und die einzig logische Variante ist doch“ als Provokation all derer empfunden werden, die andere und augenscheinlich unlogische Varianten bevorzugt hatten. In der Übersetzung könnten Sie z. B. sagen: „Für Sie ist Variante X also bereits der Favorit – Frage in die Runde: Wie schätzen die anderen diese Variante ein?“ Gerade bei konfliktträchtigen Äußerungen lohnt es sich, diesen „Übersetzungsdienst“ anzubieten. Häufig ist sich der Teilnehmer oder die Teilnehmerin über die Provokation nicht bewusst und würde sich durch eine empfindliche Reaktion nur selbst angegriffen fühlen. So kann ohne wirkliches Problem ein Konflikt entstehen.

Wenn Sie Negativ-Formulierungen ins Positive übersetzen, können Sie das Gespräch auch in Richtung Lösungsorientierung steuern. Vielleicht kennen Sie den weit verbreiteten Satz: „Denken Sie nicht an einen blauen Elefanten.“ Was passiert? Sie denken an einen blauen Elefanten. Sprache gibt unserem Denken eine Richtung vor. Wenn Sie sich in Nicht- oder Nein-Sätzen ausdrücken, denken Sie zwangsläufig darüber nach, was nicht gehen wird. Im umgekehrten Fall erhalten Sie den Schub, das Problem aktiv anzugehen. Übersetzen Sie also z. B. eine negative Äußerung wie „Wir haben überhaupt keine Chance, dass wir den Termin einhalten können“ in ein positives „Sie brauchen also noch etwas Zeit, um ...“. Schieben Sie dann in einer vertiefenden Nachfrage die Lösung an, z. B. „Welche Voraussetzungen brauchen Sie, damit Sie ...?“, oder übersetzen Sie eine Anklage wie „Natürlich habt Ihr in der Abteilung X die Unterlagen wieder einmal nicht vollständig rübergeschickt“ in ein lösungsorientiertes: „Sie brauchen also zuerst noch die vollständigen Unterlagen aus Abteilung X. Wie können Sie das organisieren?“

1.2.2 Visualisierungstechniken

Es gibt viele gute Gründe, in Ihrer Besprechung mit Visualisierungen zu arbeiten:

- Die Strukturierung fällt leichter (da der Überblick vorhanden ist).
- Unnötiges „Zerreden“ wird vermieden (vieles erledigt sich von selbst, wenn man alle Gedanken oder Argumente gesammelt und schriftlich vor sich liegen hat, und mancher Einwand verliert an Bedeutung, wenn daneben eine lange Reihe an Pro-Argumenten sichtbar wird).
- Auch rhetorisch weniger versierte Teilnehmer und Teilnehmerinnen können sich gleichberechtigt einbringen bzw. die Dominanz guter Rednerinnen und Redner wird eingeschränkt.
- Vorschläge, Ideen, Einwände oder Argumente werden von der Person gelöst, und die Diskussion wird so versachlicht.
- Die Motivation der Teilnehmenden steigt, da ihnen im wahrsten Sinne des Wortes vor Augen ist, was bereits erarbeitet wurde.
- Nicht zuletzt wird die Gesprächsleitung entlastet, da alle Teilnehmenden automatisch permanent über den aktuellen Stand der Diskussion informiert sind.

Neben den weiter unten beschriebenen konkreten Techniken zur Bearbeitung eines Themas, lohnt es sich, auch in kleinen Aktionen die Vorteile der Schriftlichkeit zu nutzen (am besten verwenden Sie dafür das Flipchart, oder Sie arbeiten mit Pinnwand und Moderationskarten), indem Sie z. B.

- Tagesordnung, Einstiegsfragen oder Arbeitsaufträge schriftlich festhalten und so immer wieder auf Thema und Zeitplan verweisen können;
- spontane Ideen, weiterführende Gedanken oder Randaspekte, die nicht unmittelbar zum Thema gehören, auf einem eigens dafür vorgesehenen Blatt (Ideenspeicher) aufnotieren, so dass einerseits wertvolle Gedanken nicht verlorengehen und andererseits die Besprechungsrunde leichter loslassen und sich wieder auf das eigentliche Thema konzentrieren kann (der Punkt ist schließlich notiert und wird irgendwann auch bearbeitet);
- auch unerwartete Aspekte, Argumente oder Einwände, die sich aus dem aktuellen Tagesordnungspunkt ergeben, zunächst sammeln, so dass Sie den Überblick behalten und planen können, wie lange, in welcher Form und in welcher Intensität Sie daran arbeiten müssen;
- Wortbeiträge der Teilnehmenden im Verlauf der Diskussion für alle sichtbar mitnotieren und am Ende einer Themenschleife für die Zusammenfassung und weitere Fragestellung nutzen;
- konkrete Ergebnisse und Maßnahmen schriftlich festhalten (s. Abb. 1).

Maßnahmenplan vom ....

Maßnahme / Tätigkeit / Aktivität	Wer	Mit wem	Bis wann	erledigt

Abb. 1: Maßnahmenplan

Gestalten Sie Visualisierungen leserlich, optisch ansprechend und übersichtlich, so dass mit möglichst einem Blick die zentralen Punkte erfasst werden können. Falls Sie zeichnerisch nicht gerade auf Grundschulniveau stehengeblieben sind, veranschaulichen Sie den Text als Anregung für die Besprechungsrunde durch ein Bild, wie z. B. die Kaffeetasse als Pausensymbol oder ein glückliches Gesicht, wenn Sie z. B. Ideen zum verbesserten Kundenservice sammeln.

Nachfolgend beschriebene Visualisierungstechniken sind aus der Moderationsmethode bekannt und erprobt (z. B. Neuland 2003 oder Klebert et al. 2003; 2006). Sie lassen sich in der Besprechung an vielen Stellen gewinnbringend einsetzen (z. B. Hartmann et al. 2000 oder Kießling-Sonntag 2005), auch wenn der komplette Moderationszyklus (Seifert 2004) in der Besprechung nur selten in Reinkultur durchgeführt werden wird. Bereiten Sie die Charts, Bilder und Fragestellungen so differenziert wie möglich vor und holen Sie sich vor allem bei einer größeren Gruppe Unterstützung für die Schreibarbeiten und organisatorische Aufgaben wie Materialien verteilen, Charts gestalten oder Karten anpinnen. An Materialien sollten vorhanden sein:

- Stecktafeln (Pinnwände),
- Flipchart,
- große Packpapierbogen,
- Moderationskarten in verschiedenen Formen und Farben,
- Stecknadeln zum Anheften der Bogen und Karten,
- Filzstifte und
- Selbstklebepunkte.

Die Ein-Punkt-Abfrage

Die Ein-Punkt-Abfrage eignet sich vor allem als Aufhänger zum Einstieg in ein Thema, zum schnellen Überblick, zur Entscheidungsfindung (Mehrheitsentscheid) oder um abschließend ein Gruppenprofil oder Stimmungsbild zu erhalten. Die Teilnehmenden kleben einen Punkt auf einer vorgegeben Skala, um ihre Meinungen, Schätzungen, Einstellungen, Erwartungen oder Entscheidungen darzustellen (s. Abb. 2 und 3). Kommentare zu den einzelnen Punkten halten Sie stichwortartig fest, leiten aber keine Diskussion darüber an.

Ein weiterer Vorteil der Punktabfrage: Die Gruppe kommt in Bewegung (man muss aufstehen, zur Pinnwand gehen, nimmt Materialien in die Hand, kommt vielleicht ins Gespräch, während man vor der

Abb. 2: Einfache Ein-Punkt-Abfrage

Wie schätzen die meisten Mitarbeiter Ihrer Meinung nach die Besprechungskultur im Unternehmen ein?

	--	-	o	+	++
Ergebnis					
Zeit					
Klima					

Abb. 3: Ein-Punkt-Abfrage zu mehreren Aspekten des Themas

Tafel steht), und allein schon diese Abwechslung kann Schwung in die Besprechung bringen.

Dauer ca. 5 Minuten.

Die Mehrpunktabfrage

Mit dieser Methode legen Sie Reihenfolgen oder Prioritäten fest. Jedes Gruppenmitglied erhält mehrere Klebepunkte, i. d. R. halb so viele, wie es Antwortalternativen gibt. Die Punkte werden an vorbereiteten Themenlisten oder den Ergebnischarts der Karten- oder Zurufabfrage (s. Abb. 5 und 4) verteilt. Es ist möglich, Punkte verfallen zu lassen,

Häufungen sind aber nicht erlaubt (ggf. maximal zwei Punkte pro Thema).

Dauer ca. 5 Minuten.

Die Zurufabfrage

Wenn Sie nicht allzu viele Antworten erwarten, wenn Sie schnell einen Überblick brauchen und wenn vor allem keine Anonymität erforderlich ist, sammeln Sie auf Flipchart, Tafel oder Pinnwand

- Probleme,
- Themen,
- Fragen,
- Ideen,
- Argumente oder
- Lösungsvorschläge,

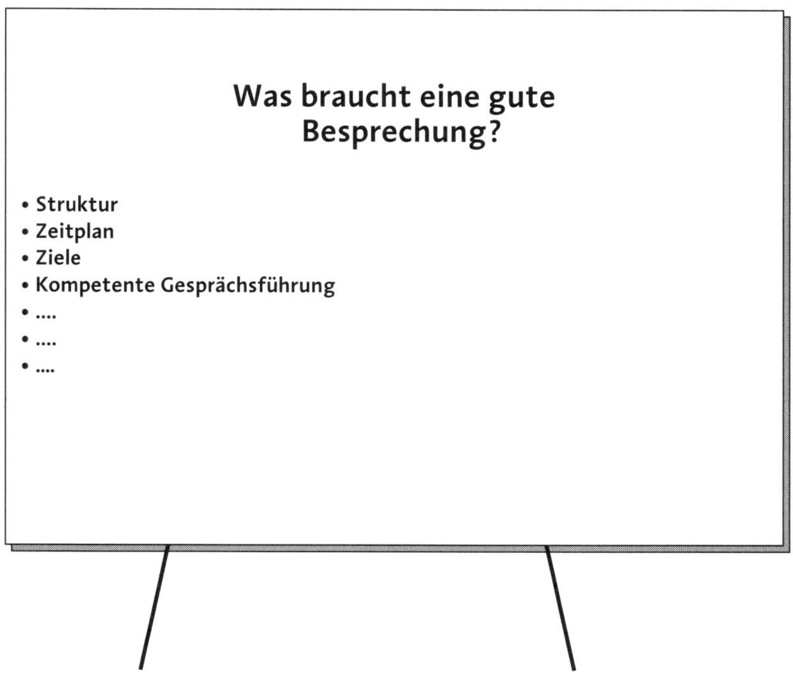

Abb. 4: Zurufabfrage

die Ihnen von den Teilnehmenden zugerufen werden (s. Abb. 4). Diese Liste bildet dann die Grundlage für die weitere Diskussion (außer natürlich die Sammlung war das eigentliche Ziel des Arbeitsschrittes).

Dauer ca. 10 Minuten.

Die Kartenabfrage

Die Teilnehmenden schreiben ihre Ideen, Fragen, Erfahrungen, Probleme etc. in Einzelarbeit auf Moderationskarten. Die Kartenabfrage eignet sich vor allem dann, wenn Kreativität gefragt ist (Brainstorming), wenn möglichst viele Vorschläge produziert werden sollen, wenn Anonymität gewährleistet sein muss und wenn die einzelnen

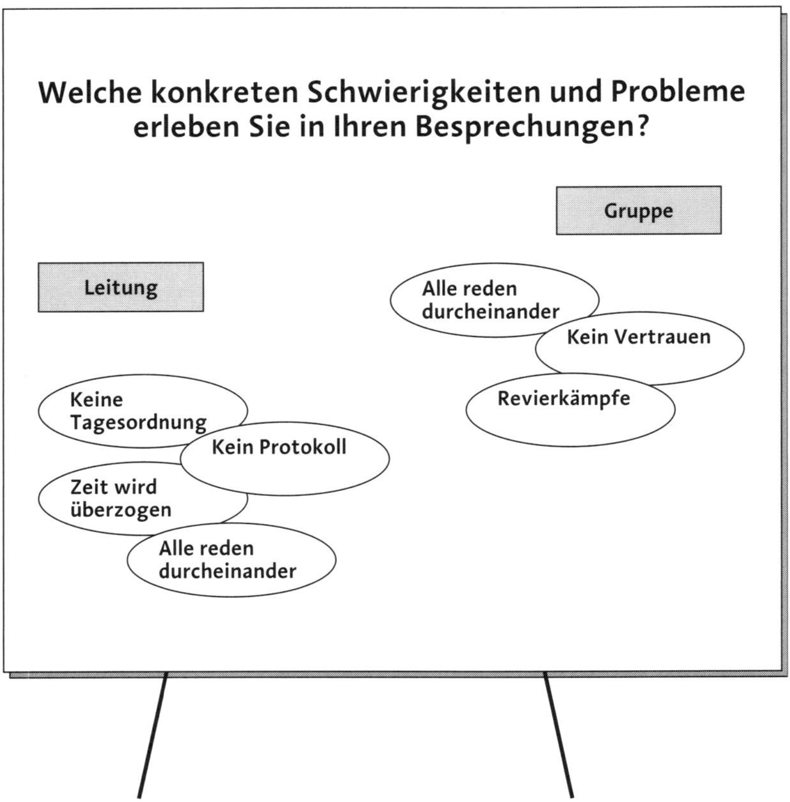

Abb. 5: Kartenabfrage mit Clusterbildung

Punkte von der Gruppendynamik möglichst unbeeinflusst bleiben sollen. Für das Beschreiben der Karten gilt:

- Maximal drei Zeilen pro Karte.
- Nur jeweils ein Gedanke pro Karte (aber Halbsätze, nicht nur Stichworte).
- Mit einem dunklen Moderationsstift und in Groß- und Kleinbuchstaben schreiben.

Karten mit ähnlichen Themen sortieren Sie in Absprache mit der Gruppe in Blöcke (Cluster) und definieren für diese Blöcke zusammen mit den Teilnehmenden Überschriften (s. Abb. 5). Mit den jeweiligen Themenblöcken wird dann weitergearbeitet (z. B. Mehrpunktabfrage, Szenarium, Gruppenarbeit).

Dauer ca. 30 Minuten.

Hinweise zum Umgang mit den Karten:

- Begrenzen Sie ggf. die Kartenanzahl.
- Sorgen Sie für ausreichend Stecknadeln. Tragen Sie die Nadeln mit einem Clip-Kissen am Arm oder befestigen Sie einen Vorrat an der Pinnwand.
- Verteilen Sie Karten gleicher Farbe oder Form und schwarze oder blaue Stifte an die Teilnehmenden.
- Lassen Sie ausreichend Zeit zum Schreiben der Karten, geben Sie aber einen Zeitrahmen vor. Bis alle Karten endgültig sortiert sind, können jederzeit noch Karten nachgereicht werden.
- Lesen Sie jede Karte vor dem Anpinnen vor.
- Markieren Sie Einwände (z. B. mit Blitzen).
- Beachten Sie alle Karten, auch solche, die anscheinend nicht passen.
- Doppeln Sie Karten, wenn mehrere Zuordnungen möglich sind.
- Hängen Sie Karten mit gleicher Aussage nicht übereinander, sondern nebeneinander, so dass die Menge deutlich wird.
- Bei unklaren Karten fragen Sie nicht: „Wer hat diese Karte geschrieben?“, sondern besser: „Möchte jemand etwas zu dieser Karte sagen?“
- Überprüfen Sie in Abstimmung mit der Gruppe die festgelegten Blöcke noch einmal und stecken Sie ggf. Karten um.

Eine inhaltliche Variante ist die *doppelte Kartenabfrage*. Diese Frageform fordert dazu auf, in zwei Richtungen zugleich zu antworten, z. B. sowohl Pro-Argumente wie auch Einwände zu formulieren. So wird ein hohes Reflexionsniveau erzeugt, und man öffnet sich leichter für andere Standpunkte.

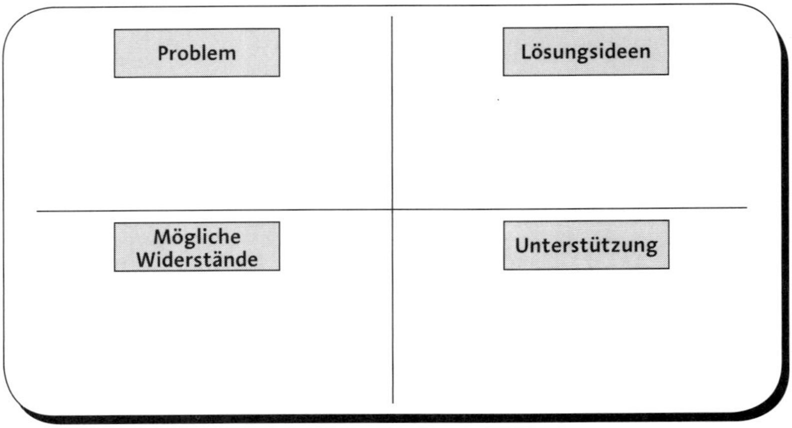

Abb. 6: Szenarium

Szenarien

Durch ein geeignetes Bild geben Sie für die Bearbeitung eines Themas Denkrichtungen vor, z. B. Problem – Lösungsideen – Mögliche Widerstände – Unterstützung (s. a. Abb. 6). Mit diesem Szenarium arbeiten Sie dann per Zuruf im Plenum oder schicken die Teilnehmenden zur Bearbeitung in Kleingruppen.

Mind Mapping

Von der Fragestellung ausgehend, werden Äste und Zweige für die Haupt- und Nebenpunkte des Themas angeordnet und Zusammenhänge und Vernetzungen abgebildet (s. Abb. 7). Durch die bildhafte Darstellung wird die Kreativität der Teilnehmenden gefördert und assoziatives Denken angeregt.

Fischgrätdiagramm (Ursache-Wirkungs-Diagramm)

Wie in Abbildung 8 zu sehen, werden in einem Analyseschema, das einem Fischgrätmuster ähnelt, Ursachen eines auftretenden Problems in verschiedenen Bereichen (4 M) eingetragen. Diese können je nach Problemstellung ergänzt, weggelassen oder auch verändert werden.

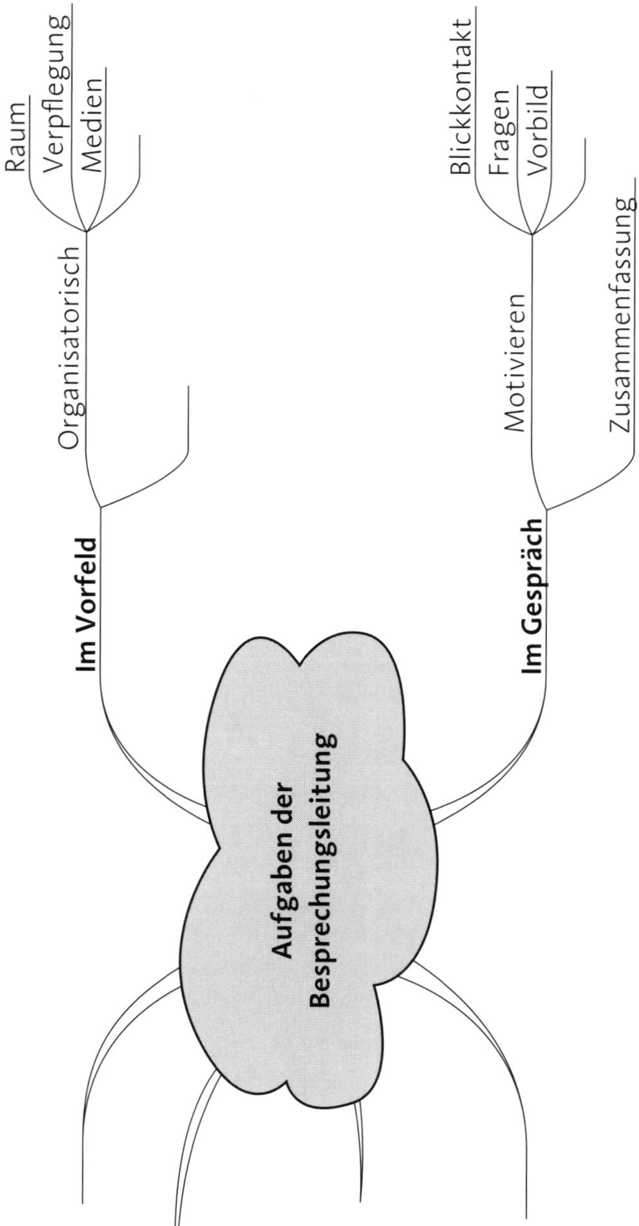

Abb. 7: Mind Map

- Mensch (Fähigkeiten und Fertigkeiten, Persönlichkeit, Stimmung, Motivation),
- Maschine (technische Ausstattung, Störungen, Menge etc.),
- Methode (Abläufe, Verfahrensweisen etc.),
- Material (eingesetzte Materialien, Qualität, Menge etc.) oder auch
- Management (Entscheidungen, Informationspolitik, Führungsstil),
- Mitwelt (gesellschaftliches Umfeld, Kundenverhalten, Wettbewerber, Arbeitsmarkt oder Unternehmenskultur) oder
- „Moneten".

Durch diese Form der Ursachenanalyse schaffen Sie die Grundlage für die weitere Lösungsfindung. Durch eine Mehrpunktabfrage können Sie darüber hinaus Schwerpunkte herausheben.

Die genannten Visualisierungstechniken sind für eine Reihe an Fragestellungen hilfreich. Prüfen Sie in der Vorbereitung genau, ob und welche Methode für Ihr Thema zielführend ist, und berücksichtigen Sie

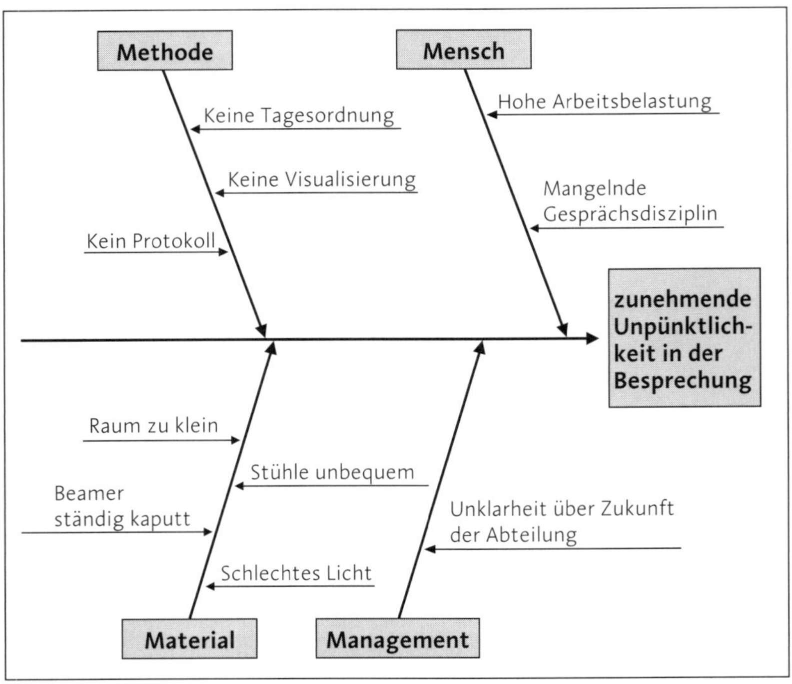

Abb. 8: Fischgrätdiagramm

den jeweiligen Zeitaufwand (eine Kartenabfrage auszuwerten kann sich in die Länge ziehen). Gestalten Sie alle Charts bereits im Vorfeld und überlegen Sie, wie Sie das Verfahren straffen können (z. B. die Kartenabfrage erst nach der Sitzung clustern und den Vorschlag in der nächsten Besprechung mit der Gruppe abstimmen und ggf. überarbeiten oder Überpunkte vorgeben, und die Teilnehmenden tragen ihre Karten dann selbst entsprechend ein). Beachten Sie auch, dass Visualisierungstechniken einerseits für Abwechslung und Bewegung sorgen, andererseits aber die persönliche Reibung einschränken (die Aufmerksamkeit geht auf das Bild und nicht in die Gruppe). So werden vielleicht Spannungen und Konflikte gedämpft, aber eben auch die positive Energie der Gruppe. Zu viel Sachlichkeit kann ganz einfach schnell langweilig werden. Überlegen Sie, was Sie tun können, damit der Spaßfaktor nicht zu kurz kommt.

1.3 Was Sie an persönlichen Kompetenzen brauchen

Persönliche Kompetenzen sind als zentral zu werten. Keine noch so gute Technik kann eine grundsätzlich positive, wertschätzende Haltung den Teilnehmerinnen und Teilnehmern gegenüber ersetzen. Auch darf sich die Leitung weder von ihren eigenen unreflektierten Gefühlen, Strategien und Werthaltungen mitreißen lassen noch darf sie ihre Handlungsfähigkeit in der Leitungsfunktion verlieren, wenn Besprechungsteilnehmende Emotionen und Werthaltungen zum Ausdruck bringen. Welche Anforderungen bestehen konkret an Personen, die mit der Leitung von Besprechungen betraut sind?

Selbstreflexion. Es lohnt sich, Zeit und Energie für die Auseinandersetzung mit den eigenen Emotionen, Motivationen und Verhaltensweisen aufzuwenden. Denn wenn Sie sich selbst besser einschätzen können, laufen Sie seltener in Fallen und können die Besprechung und Ihr eigenes Verhalten darin souveräner steuern. Mit Blick auf die Erfahrungen vergangener Sitzungen fragen Sie sich für die nächste anstehende Besprechung: Kann und will ich den Personen in dieser Besprechung grundsätzlich mit Wertschätzung begegnen? Was kann ich tun, damit diese meine Wertschätzung spüren und erfahren können? Was sind meine eigenen wunden Punkte? Welches Verhalten von Besprechungsteilnehmenden ist für mich problematisch, und wie kann ich damit umgehen? Was bringt mich in einer Besprechung auf die Palme? Und was kann ich tun, wenn es dazu kommt und ich merke, dass ich wütend werde? Mit welchen Gefühlen, Wünschen und Vorstellungen gehe ich in die anstehende Besprechung?

Konfliktfähigkeit. Besprechungen zu leiten heißt im gleichen Atemzug, mit Konflikten verschiedenster Art konfrontiert zu sein. Fragen Sie sich also: Wie stehe ich selbst zu Konflikten? Sind Konflikte für mich grundsätzlich negativ oder sind sie auch eine Chance zur Weiterentwicklung? Wie sehen meine eigenen Strategien zum Umgang mit und zur Lösung von Konflikten aus? Ist es für mich wichtig, Konflikte schnellstmöglich zu beseitigen? Wie gehe ich damit um, wenn ich selbst zur Zielscheibe werde, wenn andere Kritik an meiner Person, meiner Arbeit, meinen Ideen üben?

Differenzierte Wahrnehmung. Eine Besprechung zu leiten bedeutet, vieles gleichzeitig und/oder in schneller Abfolge aufeinander zu sehen, zu hören, zu spüren – und diese Vielfalt möglichst bewusst aufzunehmen, zu sondieren und für die weitere konkrete Steuerung der Besprechung einzusetzen. Entsprechend ist es wichtig, die eigene Wahrnehmungsfähigkeit zu schulen. Das können Sie jederzeit in Alltagssituationen machen. Fragen Sie sich immer wieder ganz bewusst: Was sehe ich im Moment alles – wenn ich mir die Situation genau anschaue? Was höre ich im Moment alles – wenn ich genau hinhöre? Was spüre ich im Moment alles – wenn ich genau hinspüre? Was ist mit meinen anderen Sinnen – was rieche ich, was schmecke ich? Und: Was von diesen ganzen Wahrnehmungseindrücken ist bedeutsam für die aktuelle Situation und ihre Weiterentwicklung? Was sollte ich aufgreifen, sollte ich ansprechen? Was kann ich im Moment vernachlässigen?

Strukturiertes Denken. Wie gesagt: Die Wahrnehmungen und Eindrücke in einer Besprechung sind vielfältig, ebenso die Beiträge der Teilnehmenden, die Argumente, die Zielrichtungen, die Wünsche und die Vorstellungen. Sie benötigen die Fähigkeit, den Überblick zu behalten, den roten Faden nicht zu verlieren und die Teilnehmer und Teilnehmerinnen – auch ausschweifende – immer wieder zu den zentralen Punkten zurückzuführen. Sie kennen vielleicht den Witz über den Prüfungskandidaten, der nur das Thema „Würmer" gelernt hat, in der Prüfung aber über Elefanten befragt wird. Der Kandidat antwortet geschickt: „Der Elefant hat einen Rüssel wie ein Wurm. Der Wurm ..." Ihr Job ist es, einzugreifen, wenn im Verlauf des Gesprächs „aus dem Elefanten ein Wurm wird". Fragen Sie sich also: Wie leicht oder schwer fällt es mir, komplexe Zusammenhänge zu überblicken, Wichtiges von

Unwichtigem zu unterscheiden, Abweichungen zuzulassen und dabei doch das zentrale Thema im Auge zu behalten?

Rhetorische Kompetenz und Gesprächskompetenz. Besprechungen zu leiten bedeutet vor allem: Sprechen und im Gespräch sein. Das vorliegende Buch gibt Ihnen in den nächsten Kapiteln dazu eine Reihe an Tipps und Anregungen. Fragen Sie sich beim Lesen: Wo liegen meine persönlichen Stärken? Was kann ich gut und wende ich bereits an? An welchen Punkten will ich Neues dazulernen und mich weiterentwickeln?

2 Verhaltensstrategien in der Besprechung

Nicht nur wenn Sie Besprechungen leiten, sondern auch als Teilnehmerin oder Teilnehmer tragen Sie entscheidend zum Verlauf der Besprechung bei. In beiden Rollen ist es wichtig, verständlich und umfassend zu informieren, in Kooperation mit der ganzen Besprechungsrunde an gemeinsamen Problemlösungen zu arbeiten und eigene Vorstellungen und Meinungen engagiert und überzeugend darzustellen.

2.1 Informieren

In welchem Umfang Sie informieren und was Sie letztlich an Inhalten auswählen, ist zum einen abhängig von den teilnehmenden Personen, ihrem Wissensstand und ihrer Einbindung ins Thema und zum anderen vor allem auch von den Zielen, die in der Besprechung verfolgt werden. Nicht immer ist es notwendig, dass alle über den gleichen Informationsstand verfügen. Es ist aber gründlich zu prüfen, wer welche Information braucht, um sich sinnvoll und zielführend in die Besprechung einbringen zu können. Dafür zu sorgen ist Aufgabe der Leitung – es ist aber auch Pflicht der Teilnehmenden, sich ggf. die nötigen Informationen zu beschaffen. Fragen Sie nach, wenn Ihnen Hintergrundinformationen fehlen, besorgen Sie sich bereits im Vorfeld der Besprechung die nötigen Daten oder machen Sie in der Sitzung deutlich, dass eine Diskussion auf unzureichender Informationsbasis nicht möglich ist.

Unabhängig von diesen Aspekten geht es beim Informieren aber in jedem Fall darum, den geeigneten Informationsweg zu wählen und die Information verständlich zu gestalten.

2.1.1 Informationswege

Im Rahmen einer Besprechung informieren Sie entweder auf schriftlichem Wege (meist im Vorfeld der Sitzung) oder in direkter mündlicher Kommunikation. Natürlich schließen sich diese beiden Informationswege nicht aus, sondern können und sollen sich sinnvoll ergänzen. Es kann durchaus sinnvoll sein, Statements oder Kurzvorträge, die Sie auf Besprechungen halten, in einem Handout noch einmal für alle zusammenzufassen. In Anlehnung an Haberkorn (1996) sind folgende Vor- wie auch Nachteile des jeweiligen Informationsweges zu bedenken:

Wenn Sie *mündlich informieren*, haben Sie die Chance,

- sich unmittelbar rückzuversichern, ob die Information auch richtig verstanden wird,
- sich zeitnah Zustimmung abzuholen,
- Missverständnisse sofort aus dem Weg zu räumen,
- sich spontan zu korrigieren,
- Stimmungen und Einstellungen zu beeinflussen und
- nachfolgend Diskussionen oder einen Gedanken- und Erfahrungsaustausch einzuleiten.

Sie müssen sich aber auch darüber im Klaren sein, dass

- Sie in der Gesprächssituation spontan formulieren und, selbst wenn Sie sich vorab Notizen machen, von daher auch fehleranfällig sind,
- die Information unter Umständen schnell wieder vergessen wird,
- andere sehr leicht behaupten können, Sie wären nicht informiert worden und
- Ihre Aussagen unter Umständen verfälscht weitergegeben werden.

Im Gegensatz dazu können Sie, wenn Sie *schriftlich informieren*,

- jederzeit beweisen, dass Sie eine Information weitergegeben haben,
- problemlos den Adressatenkreis erweitern (z. B. Personen, die nicht an der Besprechung teilnehmen),
- Zeit sparen, wenn Sie eine größere Runde bereits im Vorfeld informieren,
- ohne den Druck der Kommunikationssituation exakte Formulierungen ausarbeiten und
- letztlich auch die Verbindlichkeit erhöhen (schließlich hat man es schwarz auf weiß).

Dafür müssen Sie in Kauf nehmen, dass

- Ihre Aussagen nur schwer widerrufbar sind,
- Ihre Aussagen unpersönlich sind und von daher sicher weniger motivierend,
- einige die E-Mail, den Brief oder das Fax ganz einfach nicht lesen werden und
- Sie Zeit für die Darstellung aufwenden müssen.

Bleibt also festzuhalten: Wenn Sie einen breiten Kreis erreichen wollen, wenn Sprachregelungen entscheidend sind und Sie damit rechnen müssen, dass Information abgestritten wird, ist es sicherlich günstiger, schriftlich zu informieren. Wenn Sie aber ins Gespräch kommen wollen, sich persönlich für das Thema stark machen und spontan ergänzen oder korrigieren müssen, nutzen Sie den mündlichen Weg.

In beiden Varianten ist es aber entscheidend, dass die Information nachvollziehbar und verständlich transportiert wird.

2.1.2 Kriterien der Verständlichkeit

Die Aufnahme und Verarbeitung einer Information ist natürlich auch vom Vorwissen und den Denkstrukturen Ihres Gegenübers abhängig, kann also „nicht unabhängig von dem konkreten Textverständnis der Rezipienten/innen bestimmt werden …“ (Christmann/Groeben 1999, 180) Nichtsdestotrotz können Sie selbst einiges dafür tun, dass das, was Sie schreiben oder sagen, auch entsprechend ankommt. In den 1970er Jahren hat sich die wissenschaftliche Forschung intensiv mit der Verständlichkeit von Sachtexten beschäftigt (Groeben 1972; Langer et al. 1974). Besonders bekannt wurde das Hamburger Konzept nach Langer, Schulz von Thun und Tausch. Die Autoren haben in einer Vielzahl an empirischen Untersuchungen vier Merkmale definiert, die die Verständlichkeit eines Textes beeinflussen (Langer et al. 2006):

- Einfachheit (kurze, einfache Sätze, geläufige Wörter, Fachwörter erklärt, konkret und anschaulich),
- Gliederung/Ordnung (folgerichtig, übersichtlich, gute Unterscheidung von Wesentlichem und Unwesentlichem, der rote Faden bleibt sichtbar, alles kommt schön der Reihe nach),
- Kürze/Prägnanz (auf das Wesentliche beschränkt, gedrängt, auf das Ziel konzentriert, knapp, jedes Wort ist notwendig),
- anregende Zusätze (interessant, abwechslungsreich, persönlich).

Wenn Sie also verständlich, nachvollziehbar und letztlich auch kurzweilig informieren wollen, gilt es, diese Kriterien zu beachten, und zwar nicht nur im Schriftlichen, sondern auch – und vor allem – im gesprochenen Wort. Dazu einige konkrete Verhaltensempfehlungen:

- Vermeiden Sie schwer nachvollziehbare Haupt- und Nebensatzkonstruktionen (Bandwurmsätze, wie z. B. „Da wir in unserer Firma … müssen wir … vor allem weil es sicherlich unbestritten ist, dass … und darüber hinaus sollten wir … wenn wir schon … insofern als wir …“) und schreiben oder reden Sie stattdessen in kurzen und einfachen Sätzen oder Satzreihen.
- Vermeiden Sie starres „Amtsdeutsch“ (wie z. B. „Unter Berücksichtigung der Fakten“) und verwenden Sie stattdessen aktive Verben (z. B. „Wenn wir die Fakten berücksichtigen“).
- Seien Sie vorsichtig beim Gebrauch von Fremdwörtern und Fachbegriffen. Fragen Sie sich, was Sie voraussetzen können. Ein Fremdwort wie „Toleranz“ ist sicherlich allgemein bekannt, ein Wort wie „divergieren“ (auseinanderbewegen) muss vielleicht erläutert werden. Auch Abteilungskürzel oder firmeninterne Begriffe, Abkürzungen oder Bezeichnungen sollten Sie nur im eigenen Hause verwenden.
- Statt einfach nur draufloszureden und dabei „vom Hölzchen ins Stöckchen zu kommen“, strukturieren Sie Ihre Beiträge und gliedern nach Haupt- und Unterpunkten, so dass ein roter Faden erkennbar wird.
- Geben Sie bei längeren Ausführungen einen Überblick am Anfang und regelmäßige Zusammenfassungen.
- Zeigen Sie Querverbindungen auf und arbeiten Sie Zusammenhänge heraus.
- Statt wie beim Kaffeeklatsch spontan zu äußern, was Ihnen gerade so durch den Kopf geht, haben Sie in der Besprechung ein Informationsziel vor Augen. Was muss die Kollegin oder der Kollege wissen, um z. B. ein technisches Problem zu verstehen oder die Bedeutung des Themas einschätzen zu können?
- Beschränken Sie sich auf das Wesentliche und fassen Sie sich so knapp wie möglich (natürlich aber auch so ausführlich wie nötig).
- Und nicht zuletzt formulieren Sie interessant, abwechslungsreich und anregend. Eine gute Sprachrhetorik macht Sie nicht nur überzeugender (s. Kap. 2.3.1), sondern fördert auch die Verständlichkeit.

In der mündlichen Kommunikation trägt neben diesen sprachlichen Kriterien natürlich auch das Sprechverhalten zur Verständlichkeit bei (s. Kap. 2.3.2).

2.2 Kooperieren

Nicht immer liegt es nur in der Problematik des Sachthemas, wenn Teilnehmende aneinander vorbeireden, Vorschläge und Meinungen anderer grundsätzlich ablehnen und sich eher bekämpfen als sich besprechen. Eine Gesprächsleitung, die es versteht, Gemeinsamkeiten herauszuarbeiten, und der Einsatz geeigneter Arbeitsmethoden (z. B. Visualisierungstechniken, s. Kap. 1.2.2) fördern ein konstruktives und sachliches Miteinander. Vor allem aber liegt es am Verhalten der Teilnehmenden, ob Kooperation gelingen kann.

2.2.1 Positive Arbeitsbeziehung

Eine gute Zusammenarbeit ist geprägt von den Beziehungen der Menschen untereinander und im Kern von Wertschätzung und Vertrauen.

Wertschätzung setzt voraus, dass Sie andere Menschen in ihren individuellen Verhaltensmustern akzeptieren und sich darauf einstellen. Wenn Verhaltensweisen anderer Sie stören, sprechen Sie sachlich und respektvoll an, was Sie konkret stört, wie es Ihnen damit geht und was Sie erwarten (s. Kap. 3.2.2).

Um ein Arbeitsklima des gegenseitigen Vertrauens herzustellen, ist es manchmal notwendig, den ersten Schritt zu tun. Geben Sie diesen Vertrauensvorschuss, auch wenn Sie sich sehr wohl darüber im Klaren sind, dass Sie unter Umständen vielleicht ausgenutzt werden. Im Fall des Falles reagieren Sie nicht enttäuscht und schlagen auch nicht zurück, sondern klären das Thema sachlich. Was können Sie konkret tun, um eine positive Arbeitsbeziehung herzustellen?

- Zeigen Sie Interesse, stellen Sie Fragen und hören Sie gut zu.
- Sprechen Sie Anerkennung aus (z. B. „Ich bin beeindruckt, wie Sie …“ oder „Ich finde, das hört sich sehr spannend an“ oder „Sie sind der Experte“ oder „Da habe ich volles Vertrauen zu Ihnen“). Natürlich muss das Lob aufrichtig sein, und natürlich sollten Sie nicht zu dick auftragen und jede Kleinigkeit und Selbstverständlichkeit loben.
- Betrachten Sie die Situation aus dem Blickwinkel Ihres Gegenübers und signalisieren Sie Verständnis. Verständnis bedeutet aber nicht gleich-

zeitig Zustimmung, d. h. kein: „Da haben Sie völlig recht" (mit dem Nachsatz: „Ihren Vorschlag akzeptiere ich aber nicht!"), sondern Formulierungen, wie z. B.: „Das kann ich sehr gut nachvollziehen" oder „Von Ihrem Standpunkt aus betrachtet, ist es sicherlich sinnvoll, dass ..."

- Sprechen Sie die Menschen, mit denen Sie zusammenarbeiten, direkt an, z. B.: „Wie Sie richtig sagen" oder „Ihren Vorschlag von eben finde ich sehr gut."
- Lassen Sie andere ihr „Gesicht wahren". Machen Sie Fehler an sachlichen Punkten fest und nicht an persönlicher Unfähigkeit. Sprechen Sie an, dass auch einiges gut gelaufen ist. Verdeutlichen Sie, dass ein Fehler nichts zum Schämen ist, sondern ein Anlass zur Verbesserung oder zur Problemlösung. Verzichten Sie auf ein triumphierendes „Sehen Sie!" – auch wenn es Ihnen vielleicht guttun würde.

Was tun, wenn ...
Sie den Gesprächspartner oder die Gesprächspartnerin ganz einfach nicht leiden können?

- Fragen Sie sich immer wieder: Was ist das Gute an diesem Menschen?
- Sehen Sie hinter der negativen Zuschreibung das Bedürfnis (z. B. statt: eingebildet – braucht Anerkennung oder statt: erbsenzählerisch – Details sind wichtig).
- Entwickeln Sie eine innere Haltung der Akzeptanz (der oder die andere ist nicht in allen Punkten so, wie ich das gerne hätte, verdient aber dennoch Achtung und Respekt).
- Machen Sie sich klar, dass es Ihre Aufgabe ist, mit diesem Menschen klarzukommen.
- Suchen Sie nach geeigneten Verhaltensstrategien, um mit den jeweiligen Eigenheiten besser klarzukommen (z. B. Weitschweifige durch Fragen steuern oder Angebern den Wind aus den Segeln nehmen, indem Sie von sich aus Anerkennung aussprechen).
- Sprechen Sie störendes Verhalten an (s. a. Kap. 3.2.2) und formulieren Sie klar, was Sie von Ihrer Seite für eine gute Arbeitsbasis brauchen.

2.2.2 Gemeinsame Lösungssuche

Grundlegend ist es wichtig, dass Sie sich nicht vorschnell auf eine Lösung festlegen und auch nicht den Kompromiss als einzige Variante anstreben. Halten Sie den Diskussionsprozess möglichst lange offen, so

dass Vorschläge und Positionen bewertungsfrei hinterfragt werden können und man ohne Druck kreative Ideen und mögliche Alternativen durchspielen und nach gemeinsamen Vorteilen suchen kann. Das kann unter Umständen harte Arbeit bedeuten und Zeit in Anspruch nehmen. Meist lohnt es sich aber, gewohnte Denkbahnen zu verlassen, die eigenen Sichtweisen zu erweitern und sich nicht gleich in den ersten Lösungsvorschlag zu verbeißen. Denn nicht selten gibt es bessere und vielleicht auch einfachere Wege, die zum Ziel führen.

Darüber hinaus bietet die Verhandlungslehre eine Reihe konkreter „Kooperationsstrategien“, die Sie auf der Suche nach einer gemeinsamen und für alle Beteiligten möglichst optimalen Lösung nutzen können. Mastenbroek (1992) beschreibt in diesem Zusammenhang die Technik der „Exploration“ und empfiehlt:

- Diskutieren Sie nicht, sondern tauschen Sie Informationen und Argumente, Hintergründe, Interessen und erste Standpunkte ohne Lösungsanspruch aus.
- Versuchen Sie, möglichst viele informelle oder „vorläufige“ Überlegungen und Alternativen auf den Tisch zu bekommen.
- Machen Sie ein Brainstorming, d. h. jede Idee wird unkommentiert und ohne Bewertung geäußert.
- Arbeiten Sie mit „Plattform-Vorschlägen“, d. h. unterbreiten Sie einen Vorschlag und wandeln Sie ihn dann gemeinsam mit ihren Gesprächspartnerinnen und Gesprächspartnern ab. Anstatt Ihren eigenen Vorschlag unter allen Umständen zu verteidigen, fragen Sie, unter welchen Bedingungen er für die anderen akzeptabel wäre oder welche Veränderungen die anderen Teilnehmenden gerne vornehmen möchten. Dabei können Sie auch eigene Anregungen und neue Ideen einbringen. Ein Vorschlag kann auf diese Weise überarbeitet, verändert oder ergänzt werden, bis Konsens erreicht worden ist.
- Nutzen Sie das Wissen und die Kreativität Außenstehender.

Was tun, wenn …
Sie in der Sackgasse stecken und einfach nichts weitergeht?

- Zeigen Sie auf, welche Konsequenzen mit der Sackgasse verbunden sind (z. B. dass die Entscheidung aus der Gruppe verlagert wird).
- Steigen Sie aus der Diskussionsphase aus und suchen Sie gemeinsam gezielt nach neuen Aspekten.
- Geben Sie eine Zusammenfassung oder Übersicht über die verschiedenen Standpunkte.
- Reflektieren Sie statt der Positionen Ursachen und Hintergründe.
- Lösen Sie sich von allen bereits bestehenden Vorschlägen und entwickeln Sie Alternativen.
- Verschieben Sie Unterpunkte, die Schwierigkeiten bereiten, nach hinten.
- Legen Sie eine Pause ein, vertagen Sie, wenn möglich, das Thema oder nehmen Sie einen Ortswechsel vor.

Lewicki et al. (1998) beschreiben fünf Strategien, nach denen Sie Lösungen entwickeln können, die für alle Beteiligten zufriedenstellend sind oder zumindest einen Ausgleich für die Verlierer schaffen.

- Den Kuchen vergrößern (z. B. umbauen, wenn es bei der Verteilung von Büroräumen zu Konflikten kommt).
- Die Kerninteressen koppeln (bei unterschiedlichen Konzepten, wie z. B. „Wir senken unser Preislimit, sonst kommen wir nie mit dem Kunden ins Geschäft“ vs. „Wir bleiben bei unserem Preislimit, sonst nutzt uns der Kunde aus“, entwickeln Sie einen Vorschlag, der beiden Parteien entgegenkommt, z. B. „Wir legen in Abstimmung mit dem Kunden einen ‚Schnupperpreis‘ fest. Der Kunde macht positive Erfahrungen mit unserer Leistung und akzeptiert die üblichen Preise bei Folgeaufträgen“).
- Völlig neue Lösungsvarianten entwickeln (z. B. ein Teil des Teams kämpft für eine moderne Kaffeemaschine, der andere Teil will eine Mikrowelle – stattdessen investiert man das Budget in Pflanzen und Kleinmöbel, um die Teamküche gemütlicher zu machen).
- Die Kosten senken (d. h. man versucht die Nachteile einer Lösung möglichst gering für die Verlierer zu halten – z. B. wenn Herr X schon den Kundenbesuch organisieren muss, geht zumindest jemand anderer mit zum Abendessen).
- Eine unspezifische Entschädigung anbieten (z. B. das klassische Blumensträußchen, wenn Frau Y wieder einmal alleine die Studentengruppe durch das Unternehmen führen muss, weil alle anderen „Termine“ haben).

**Was tun, wenn …
eine gemeinsame Lösung ganz einfach nicht möglich ist und Sie eine harte Haltung vertreten müssen?**

- Achten Sie ganz besonders darauf, eine positive Arbeitsbeziehung herzustellen.
- Machen Sie ganz gezielt deutlich, dass sachliche Gründe, äußere Umstände oder zwingende Rahmenbedingungen zu Ihrer starren Haltung führen.
- Vermeiden Sie unnötige Spannungen, indem Sie sich besonders diszipliniert an die Besprechungsregeln halten.
- Und vermeiden Sie jede unnötige und sicherlich nicht absichtliche Irritation bzw. Provokation (wenn Sie z. B. Ihre eigenen Vorschläge als „vernünftig" bezeichnen, kann das durchaus implizieren, dass die Vorschläge der anderen „unvernünftig" sind).

So dass Sie den anderen zumindest auf der Beziehungsebene entgegenkommen und keine „verbrannte Erde" hinterlassen.

2.3 Überzeugen

Nicht selten geht es in Besprechungen aber weniger um gemeinsame Ideenfindung oder Problemlösung als vielmehr darum, den eigenen Standpunkt engagiert und überzeugend darzulegen. Somit kommen die angeführten Argumente – also Beweise und Erläuterungen – nachvollziehbar, glaubwürdig und einleuchtend bei der Gesprächspartnerin oder dem Gesprächspartner an.

2.3.1 Auswahl und Gestaltung der Argumente

Die Fülle an rhetorischen und psychologischen Ansätzen im Bereich der Argumentation und Überzeugung ist groß. Aus unserer langjährigen Erfahrung in Training und Beratung haben wir hier einige grundlegende Sichtweisen wie auch konkrete Tipps und Anregungen formuliert.

Nehmen Sie Bezug auf die Zielgruppe. Jeder Diskussionsgegenstand hat verschiedene Facetten. Wer z. B. ein Auto verkaufen will, kann von der Seite der Sicherheit her argumentieren, kann sich aber auch auf technische Neuerungen, Umweltverträglichkeit, Design oder Fahrkomfort beziehen. Es gilt herauszufinden, welcher Aspekt für die Zielgruppe besonders interessant, ansprechend, problematisch, wichtig etc. ist, und diesen Hintergrund für die eigene Argumentation zu nutzen. In der Besprechung braucht das Controlling vermutlich andere Argumente als die Kolleginnen und Kollegen aus dem Marketing.

Was tun, wenn …
Sie die Interessen der anderen Besprechungsteilnehmenden nicht kennen?

- Führen Sie im Vorfeld bereits Gespräche mit den Betroffenen, um ein erstes Bild zu bekommen.
- Denken Sie sich in andere Sichtweisen ein, reden Sie mit Menschen, die in einer ähnlichen Situation sind (gleiche Abteilung, vergleichbares Berufsbild usw.).
- Bereiten Sie sich möglichst umfassend vor, so dass Sie auf verschiedenste Aspekte eingestellt sind.
- Bieten Sie im Gespräch zunächst einen allgemeinen und eher unverbindlichen Überblick an, achten Sie auf Reaktionen und fragen Sie gezielt nach Schwerpunkten.
- Wählen Sie Ihre Argumente zielorientiert aus. Soll z. B. Nachdenklichkeit oder Betroffenheit erzeugt werden, sind kritische Zahlen, das Infragestellen von Routineabläufen und alteingefahrenen Strukturen oder auch das Aufzeigen von Vernetzungen und weitreichenden Konsequenzen sicher geeigneter, als wenn Sie motivieren und begeistern möchten.

Zeigen Sie Vorteile und Nutzen auf. Dies ist sicherlich eines der wichtigsten Argumentationsmuster. Auch einer kleinen Befragung an Leserinnen und Lesern der Zeitschrift „Manager Seminare“ zufolge stand dieser Aspekt an erster Stelle in der Überzeugungshierarchie (Manager Seminare 2003). Machen Sie den Adressaten Ihres Statements also ganz konkret deutlich, was sie bekommen, wenn sie sich Ihren Vorschlägen, Ideen oder Forderungen anschließen: z. B. zufriedene Vorgesetzte, ein positives Image im Unternehmen, Chancen auf Neukunden, Umsatzsteigerung usw. Wenn Sie keine Garantien bieten können, machen Sie Chancen, Wahrscheinlichkeiten oder wenigstens Perspektiven auf einen Vorteil deutlich.

ZDF: Arbeiten Sie mit Zahlen – Daten – Fakten. Verdeutlichen, belegen und beweisen Sie Ihre Aussagen. Beachten Sie dabei folgende Aspekte:

- Beschreiben Sie die Fakten genau und detailliert. „Unbestimmte und ungenaue Daten … sind von geringerer Aussagekraft und Glaubwürdigkeit als exakte und genaue Angaben.“ (Allhoff/Allhoff 2006, 136) Natürlich verwenden Sie diese Detaillierung nur, wenn die Sachlage auch wirklich für Sie spricht. Andernfalls sind vage Aussagen, wie z. B. „grob geschätzt“, „ziemlich genau“, „sicher nicht unter“, „in einer Größenordnung von“, „aus der Erinnerung heraus“ usw. ohne Zweifel günstiger.
- Wenn Sie Ihre Kolleginnen und Kollegen von einer Idee oder einem Vorschlag überzeugen wollen, bereiten Sie ein ausdifferenziertes Konzept vor, z. B. einen genauen Plan der neuen Büroräume mit Auflistung der Vorzüge und Kostenberechnung (und dabei machen Sie deutlich, wie günstig Sie im Vergleich zu … eingekauft haben). Trotz aller Konkretheit lassen Sie dabei den einen oder anderen (weniger wichtigen) Punkt noch offen, so dass die Besprechungsrunde mitdiskutieren und mitentscheiden kann.
- Präsentieren Sie Ihre Zahlen anschaulich in Diagrammen. Grafiken wecken Aufmerksamkeit, erleichtern das Verständnis und werden wie alles Bildhafte und Gefühlte von der rechten Gehirnhälfte aufgenommen. So wird Ihr Argument ganzheitlich verarbeitet.
- Berufen Sie sich auf Besprechungsprotokolle, Verträge, Umfrageergebnisse, Fachliteratur, firmeninterne Papiere usw. Nutzen Sie diese Unterlagen nicht nur für Ihre Vorbereitung, sondern haben Sie die Papiere im Notfall auch dabei.
- Machen Sie aktiv deutlich, welche Konsequenzen und Schlussfolgerungen sich aus der jeweiligen Sachlage ergeben. Auch wenn Ihre Zahlen eigentlich für sich sprechen: Erwarten Sie nicht, dass andere freiwillig mitdenken.
- Wenn keine beweisbaren Daten vorliegen, kann es notwendig sein, die Argumentation auf Theorien, Annahmen oder Prognosen zu stützen. Hier führen Sie am besten Referenzen auf Expertenmeinungen oder Vergleichsfälle an.

Statt allgemeiner Formulierungen, wie z. B. „viele … schlecht/Schaden/Nachteil … besser/Gewinn/Vorteil“ usw. zeigen Sie also konkret auf, dass z. B. 70 Prozent der Belegschaft noch immer mit veralteten Systemen arbeitet … was diese Tatsache nachweisbar an Arbeitszeit kostet … wie das Arbeitsklima dadurch belastet wird (am besten Ergebnisse einer Umfrage) … und was umgekehrt die Firma gewinnt, wenn die frei gewordene Arbeitszeit sinnvoll, z. B. in verstärkte Kundenbetreuung, investiert wird. Oder Sie machen deutlich, dass es laut Rahmenvertrag überhaupt nicht möglich ist … dass die Führungsleitlinien des Unternehmens klar erfordern oder dass man sich, wie im Protokoll deutlich zu lesen ist, auf der letzten Besprechung ja eigentlich schon längst für den Punkt entschieden hat.

Was tun, wenn …
Ihnen Sachwissen fehlt, weil Sie z. B. keine Zeit zur Vorbereitung hatten, die Vertretung der Vertretung sind oder den einen oder anderen Zusammenhang ganz einfach nicht kennen?

- Bringen Sie andere ins Gespräch (z. B. „Mich interessiert, wie Sie darüber denken").
- Reden Sie wenig und hören Sie genau zu. Über die Ausführungen anderer Besprechungsteilnehmender können Sie Informationslücken auffüllen und Argumente sammeln.
- Bitten Sie, wenn nötig, ohne Scheu um eine kurze Zusammenfassung.
- Vermeiden Sie es, endgültig Stellung zu beziehen, und verschieben Sie Entscheidungen.
- Machen Sie aber konkrete Angebote (z. B. „Die Details werde ich Ihnen bis zum … nachreichen oder sobald der Punkt X geklärt ist, werde ich dem Vorschlag zustimmen").
- Wenn es Ihnen schwerfällt, Unwissenheit zuzugeben, sagen Sie statt: „Das weiß ich nicht" – „Da werde ich mich erst noch grundlegend bzw. detailliert informieren."

Berücksichtigen Sie die emotionale Seite. Häufig reicht es nicht aus, die sach-logische Ebene anzusprechen. Gefühle, Empfindungen und Beziehungen spielen bei der Überzeugung ebenso eine wichtige Rolle, mitunter sogar die entscheidende. Hier ist wichtig:

- Zeigen Sie persönliches Engagement. Vermitteln Sie Sicherheit, Begeisterung und Zuversicht oder, wie es die Motivationspsychologie formuliert, „Hoffnung auf Erfolg" (z. B. Heckhausen/Heckhausen 2006) – und stecken Sie andere damit an.
- Sprechen Sie angenehme, positive Gefühle ganz gezielt an. Nicht umsonst wird in der Werbung nicht das Produkt, sondern das Gefühl verkauft. Da macht der Kaffee ein gemütlich harmonisches Familientreffen, die sauberen Gläser verschaffen ein Date mit der netten Nachbarin, wir entspannen uns, werden mobil, haben Freude oder sind gar ein König. Natürlich wird es schwierig mit dem Gefühl, wenn Sie z. B. vorschlagen, die Konstruktion einer Schraube zu verändern, aber selbst bei diesem Thema lohnt es sich, nicht nur die technischen Vorzüge anzupreisen, sondern auch die zufriedenen Kunden ins Feld zu führen.
- Vermeiden Sie es auf der anderen Seite, unangenehme oder bedrohliche Gefühle anzusprechen. Niemand hört gerne, dass z. B. alles schieflaufen wird … nichts funktioniert … überall Probleme sind. Wenn Sie

zu dick auftragen, riskieren Sie, dass ein Abwehrprozess ausgelöst wird und Sie mit einem „Probleme sind dazu da, dass man sie löst" abgespeist werden. Seien Sie also vorsichtig beim Überbringen schlechter Nachrichten (im Altertum wurde man dafür nicht selten einen Kopf kürzer gemacht). Wenn Sie Nachteile, Fehler oder andere negative Punkte ansprechen müssen – vertuschen kann ja nicht die Alternative sein –, machen Sie im Gegenzug schnell deutlich, welche Lösungen möglich sind, wie sich das Problem relativiert, wenn ... oder wie man zumindest aus der Krise lernen kann.

Nutzen Sie die Vorteile einer positiven Sprache. Ersetzen Sie mögliche Reizwörter und negativ besetzte Begriffe durch lösungsorientierte Aussagen (z. B. statt: „Problem" – „Noch geklärt werden muss ..."), Abschwächungen oder neutrale Formulierungen (z. B. statt: „Nachteil" – „Einschränkung" oder „Auf der anderen Seite" und statt: „falsch/schlecht" – „ungünstig" oder „kann man so nicht im Raum stehen lassen").

- Wenn Sie Absagen formulieren, sagen Sie nicht, was nicht geht, sondern was geht (statt: „Wir können leider heute nicht mehr liefern" – „Wir liefern morgen").
- Wenn Sie Aufträge erteilen, sagen Sie nicht, was nicht passieren darf, sondern, was Sie erwarten (z. B. statt: „Nicht, dass Sie mir das Protokoll wieder erst in 14 Tagen schicken" – „Bitte schicken Sie mir das Protokoll spätestens Ende nächster Woche"). Ein Prinzip, das die moderne Pädagogik übrigens auch in der Erziehung empfiehlt (z. B. Kast-Zahn 2000).
- Um das eigene Engagement positiv darzustellen, verwenden Sie aktivierende Begriffe (wie z. B. „umgehend", „zügig", „auf jeden Fall" oder „bis spätestens"), belegen und konkretisieren Sie Ihre Leistungen (statt: „Ich habe mich darum gekümmert" – „Ich habe die Unterlagen geprüft, mich am Mittwoch mit dem Kunden getroffen und das Problem geklärt") und ersetzen grundlegend ein „Ich muss" (Passivität/Reaktion) durch ein aktives „Ich werde!".

Verwenden Sie Beispiele und Vergleiche. So wird ein abstraktes Argument unmittelbar einleuchtend. Holen Sie die Besprechungsrunde persönlich ab, indem Sie Beispiele aus der Alltagsrealität einbringen, oder arbeiten Sie mit bildhafter Sprachrhetorik. Vergleichen Sie eine imponierende Zahl mit z. B. der Gesamtfläche von Bayern oder der Höhe des Eiffelturms, verweisen Sie auf den Größenunterschied zwischen Elefant und Maus, wenn Sie die Bedeutung herausarbeiten wollen, oder auf den allseits bekannten Sack Reis, der in China umfällt, wenn Unwichtigkeit demonstriert werden soll.

Bringen Sie Ihre Argumente strukturiert vor. Neben der grundlegenden Forderung, die eigenen Gedankengänge nachvollziehbar und sinnvoll gegliedert einzubringen und Zusammenhänge wie auch Konsequenzen aktiv herauszustellen, bietet die Rhetorik eine Reihe an praxistauglichen Modellen für die überzeugende Rede und Kurzrede (z. B. Allhoff/Allhoff 2006). Strukturiertheit in den Ausführungen setzt aber immer auch eine inhaltliche Auseinandersetzung mit der Frage nach Zielen und Schwerpunkten voraus. Diese Aufgabe kann uns – leider – kein Redemodell abnehmen.

Ein wichtiger Gliederungsaspekt sei hier aber eigens erwähnt: Wenn Sie kritische Punkte ansprechen müssen, „verpacken" Sie diese am besten nach dem Prinzip: Vorteil – Nachteil – Vorteil. Die Verkaufsrhetorik spricht hier bildhaft vom „Sandwicheffekt" (z. B. Schnappauf 1995). Dies wurde erst jüngst durch Experimente amerikanischer Psychologen bestätigt (Russo et al. 2006). In Untersuchungen zum Entscheidungsverhalten gelang es den Forschern, durch die entsprechende Anordnung der Argumente Versuchspersonen zur Wahl eines deutlich schlechteren Restaurants zu bewegen (s. a. „Positionseffekte", Kap. 3.1.1).

Formulieren Sie die Konsequenz. So dass die einzelnen Argumente nicht lediglich als Diskussionsgrundlage, sondern als Belege für eine These oder als Aufforderung wahrgenommen werden. Beenden Sie ihr Statement also nicht mit dem letzten Argument, sondern mit Formulierungen, wie z. B. „und deshalb ist", „und so meine ich", „das heißt".

Setzen Sie das Mittel der Wiederholung ein. Bleiben Sie hartnäckig. Nach dem Prinzip „steter Tropfen höhlt den Stein" verstärken mehrfache (unaufdringliche) Wiederholungen von Forderungen, Thesen oder Argumenten deren Wirksamkeit ganz beträchtlich. Für Napoleon galt Wiederholung gar als die einzig bedeutende Redeform: „Ich kenne nur eine rhetorische Figur: Die Wiederholung." (zit. n. Schilling 1998)

Und wenn …
die Gegenseite kontern sollte „Ihnen fällt auch nichts Neues ein?"

- Entschuldigen Sie sich nicht etwa, sondern
- machen Sie deutlich, dass dieser Aspekt der entscheidende ist und Sie deshalb noch einmal darauf hinweisen, dass …

Nutzen Sie rhetorisch-taktische Argumentationsmuster, wie z. B.

- logische Argumentation, d. h. das Herstellen und Herausarbeiten von Kausalbeziehungen und (sinnvollen) Schlussfolgerungen.
- Zustimmungsketten, d. h. aus einer Reihe an unwidersprochenen Aussagen wird eine These oder Forderung abgeleitet, die als letztes Glied dieser Kette ebenso „unwidersprochen" scheint (z. B. „Fest steht: Kundenorientierung hat oberste Priorität. Fest steht: Wir müssen uns in der Reklamationsbearbeitung deutlich verbessern. Fest steht: Wir haben bis jetzt keine einheitliche Strategie. Deshalb brauchen wir eine Projektgruppe, die hier Vorschläge ausarbeitet" (wobei diese Konsequenz natürlich nicht unbedingt zwingend ist. Man könnte ebenso auch professionelle Unterstützung ins Haus holen oder einen großen Ideen-Workshop mit allen Betroffenen veranstalten).
- Übertreibungstechnik, d. h. Thesen, die nicht ins eigene Konzept passen, werden so stark überzeichnet, dass sie unvernünftig, absurd oder gefährlich erscheinen.
- Verallgemeinerungstechnik, d. h. ein Einzelbeispiel wird als Begründung für eine grundlegende Aussage verwendet.
- Entweder-oder-Argumentation, d. h. ein unerwünschter Zustand wird als Alternative zur eigenen Position formuliert (z. B. „Entweder wir schaffen endlich ein neues System an oder wir leben damit, dass die Daten erst Ende des Monats vorliegen. Das wollen wir nicht mehr, also brauchen wir das neue System"). Andere Möglichkeiten der Problemlösung (z. B. „Wir ändern das Verfahren, so dass der Termin Ende des Monats ausreicht, oder eine andere Abteilung erstellt die Statistik") werden dabei bewusst ausgeklammert.
- Sprachverstärker, wie z. B. „Ganz ohne Zweifel", „Sicherlich", „Das ist ein entscheidender Punkt".
- Autoritätsbeweis, d. h. die Berufung auf wissenschaftliche Untersuchungen oder anerkannte Experten bzw. in ethisch-weltanschaulichen Fragen auf anerkannte Persönlichkeiten.
- Relativierungstechnik, d. h. durch Änderung des Maßstabes je nach Redeziel Zahlen zu vergrößern oder zu verkleinern (z. B. „300? Bei 30.000 Mitarbeitern ist das gerade mal 1%." Oder umgekehrt: „1%? Bei 30.000 Mitarbeitern macht das bereits 300 Menschen, die davon betroffen sind") bzw. generell den Bezugsrahmen zu verändern (z. B. „Wir dürfen hier nicht isoliert unser eigenes Marketing betrachten, die Situation des gesamtdeutschen Marktes zeigt ...").
- Die-guten-Drei, wie Sie es aus der Werbung kennen. So sind z. B. LKW *fern, schnell, gut,* der Schokoriegel macht mobil bei *Arbeit, Sport und Spiel* und unsere Automobile bieten *Vorsprung durch Technik,* sind *die Ruhe selbst* oder machen *Freude am Fahren.*

Natürlich reicht es nicht aus, inhaltlich geeignete und sprachlich gut gestaltete Argumente zu haben – es ist auch notwendig, sie überzeugend vorzutragen. Körpersprache, Stimme und Sprechweise sind hier unsere Instrumente.

2.3.2 Persönliche Wirkungsmittel

Um mit unseren Argumenten wahr- und vor allem ernst genommen zu werden, brauchen wir den Einsatz unserer ganzen Person. Hier ist aber nicht der große schauspielerische Auftritt oder die Trickkiste gefragt. Es braucht nicht mehr und nicht weniger als ein Bewusstsein für das eigene nonverbale (also außersprachliche) Ausdrucksverhalten.

Unser Körper signalisiert Stimmungen und Einstellungen nach außen und ist in diesen Punkten i. d. R. sehr ehrlich. Von daher ist es immer lohnenswert, sich in der Vorbereitung neben dem inhaltlichen Teil auch gründlich mit den eigenen Unsicherheiten, Vorbehalten und Zweifeln auseinanderzusetzen, so dass Sie innerlich gut sortiert sind und unerwünschte Gefühle nicht nach außen dringen. Umgekehrt beeinflusst unser nonverbales Verhalten aber auch unsere innere Haltung. Im Eigenversuch können Sie schnell feststellen, wie ein Herunterziehen der Mundwinkel jede Fröhlichkeit unterbindet.

Eine Reihe an Experimenten zum „Body-Feedback" (Storch et al. 2006, 40–72) bestätigt diese Zusammenhänge. So ist z. B. Lächeln nicht nur Ausdruck einer guten Stimmung, sondern fördert sie auch (Strack et al. 1988). Versuchspersonen, die über einen längeren Zeitraum in zusammengesackter Haltung saßen, hielten eine frustrierende Aufgabe (unlösbares Puzzle) deutlich weniger lange durch als Ver-

suchspersonen, die in aufrechter Haltung sitzen konnten (Riskind/Gotay 1982). Personen in aufrechter Haltung waren auch signifikant stolzer auf einen erfolgreich bestandenen Test als Personen, die das Lob in gekrümmter Haltung empfangen hatten (Stepper 1992, zit. n. Storch et al. 2006). Anderen Experimenten zufolge förderte künstlich erzeugtes Nicken bei studentischen Versuchspersonen die Zustimmungsbereitschaft für eine Erhöhung der Studiengebühr (Wells/Petty 1980). Ein Beugen des Armes („Komm her“-Bewegung) führte dazu, dass während eines Experimentes dreimal mehr Kekse verspeist wurden, als wenn die Versuchspersonen in einer „Geh weg“-Bewegung den Arm ausstreckten (Förster 2003).

Es lohnt sich also nicht nur aus rhetorischer Sicht (Wirkung nach außen), sondern auch für die eigene Selbstsicherheit und das persönliche Engagement (Wirkung nach innen), an Körperausdruck, Stimme und Sprechweise zu arbeiten. Folgende Tipps und Anregungen zum nonverbalen Verhalten sind hilfreich, wenn Sie in Ihrer Besprechung souverän und kompetent auftreten wollen.

Sitzen Sie in aufrechter Körperhaltung. Sie wirken und fühlen sich präsent. Andernfalls verlieren Sie Energie und laufen Gefahr, wie „ein Fragezeichen“, ein „Häufchen Elend“ oder ein „Schluck Wasser in der Kurve“ zu wirken.

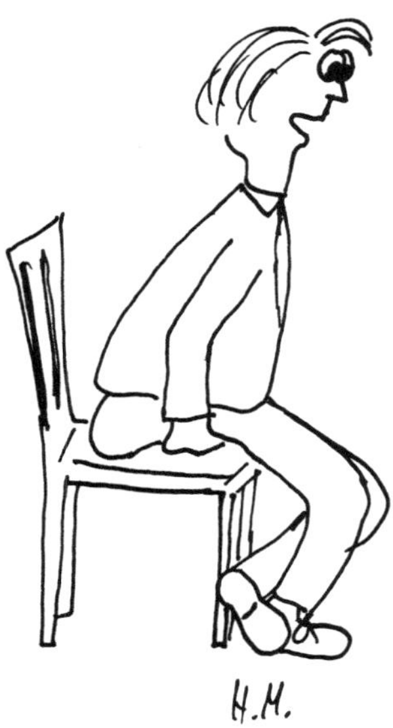

Aufrechtes Sitzen bedeutet aber nicht – wie wir das häufig falsch gelernt haben –, dass Sie die Schultern zurückziehen und so in eine angespannte Brust-raus- und Bauch-rein-Haltung verfallen. Aufrichtung passiert von der Wirbelsäule her. Kopf, Hals und Schultern bleiben frei und unabhängig voneinander beweglich. Als kleine Übung im Sitzen sacken Sie zunächst zusammen und lassen Kopf und Arme nach unten hängen. Dann – wie ein Blatt sich entfaltet – richten Sie sich in Zeitlupe Wirbel für Wirbel auf, zuletzt den Hals und dann den Kopf. Spüren Sie dieser vielleicht ungewohnten Haltung nach und bewahren Sie das Gefühl in Ihrem Körpergedächtnis. Die Übung dient hier als Krücke. Irgendwann brauchen wir sie nicht mehr, der Wille zur Haltung reicht aus.

Geben Sie Ihren Händen ausreichend Bewegungsfreiraum. So können Sie mit Gesten das gesprochene Wort optimal unterstreichen. Ihr Redebeitrag wird durch unterstützende Gestik lebendiger, kraftvoller und damit letztlich auch überzeugender. Gestik brauchen Sie sich aber nicht vorzunehmen und schon gar nicht einzustudieren. Ihr Körper wird ganz von selbst Gesten einsetzen, wenn Sie ihn nur lassen. Und i. d. R. passen diese Gesten dann auch zum Text und zur Person. Es reicht also, wenn Sie Haltungen vermeiden, die Gestik behindern (wie z. B. Arme verschränken, Stuhllehne festhalten oder mit dem Kugelschreiber herumspielen). Darüber hinaus unterstützen die Bewegungen der Hände beim Sprechen aber auch Sprechdenken und Wortfindung. Eine – auch absichtliche – Reduzierung der Gestik zieht Versprecher und Satzbrüche nach sich, der Satzbau wird komplizierter, und der gedankliche Faden reißt häufiger ab, wie Untersuchungen an der Universität Regensburg gezeigt haben (Allhoff/Allhoff 2006).

Nehmen Sie Blickkontakt auf. Der offene Blick steht für Glaubwürdigkeit. Nicht umsonst gilt es als Gipfel der Unverschämtheit, direkt ins Gesicht zu lügen. Der feste Blick steht für Sicherheit und signalisiert, dass Sie es augenscheinlich nicht nötig haben, einer kritischen Reaktion auszuweichen, und nicht zuletzt schaffen Sie mit einem Blick Kontakt. Sie signalisieren Wertschätzung und Interesse und motivieren damit zur Aufmerksamkeit.

Wissenschaftliche Studien in den 1970ern haben diese Wirkungen bestätigt. Fehlender Blickkontakt und häufige Abwendung vom Gesprächspartner führen zu dem Eindruck, dass man die Wahrheit verbergen will (Mehrabian 1972). Experimente von Argyle et al. (1974) machen deutlich, dass eine Versuchsperson umso aktiver und selbstbewusster eingeschätzt wird, je mehr Blickkontakt sie aufnimmt. Mehrabian und Friar (1979) konnten zeigen, dass die Häufigkeit des Blickkontakts mit zunehmend positiver Einstellung einem anderen Menschen gegenüber steigt. Umgekehrt steigt mit zunehmendem Blickkontakt auch der Grad der Zuneigung dieser Person gegenüber. Allerdings nur bis zu einem „normalen Niveau, über das hinaus er weniger gern gemocht wird." (Argyle 2005, 224) Wie so oft kommt zu viel des Guten eben nicht mehr so gut an.

Sprechen Sie im „Brustton der Überzeugung". Das heißt in Ihrer natürlichen Stimmlage, entspannt und mit voller Resonanz. Untersuchungen zufolge erweckt eine resonanzreiche, warme Stimme den Eindruck von Gewissenhaftigkeit und emotionaler Stabilität. Eine tiefe Stimme verstärkt den emotional sicheren Eindruck darüber hinaus noch zusätzlich (Scherer 1982). Dies ist wohl auch damit zu erklären, dass unter Erregung und Stress die Stimmhöhe i. d. R. ansteigt (Scherer 1977). Um Ihre stimmlichen Möglichkeiten voll ausschöpfen zu können, achten Sie auf eine ruhige und tiefe Atmung. Regelmäßiges lockeres Summen (entspannt und in aufrechter Haltung) fördert die elastische Schwingung der Stimmbänder, die Resonanz und den eher tieferen Klang Ihrer Stimme. Unterstützen Sie die Übung durch leichte Kaubewegungen und lassen Sie dabei die Zunge im Mund kreisen. Lassen Sie das Summen in langgezogene Lautverbindungen aus Nasalen und Vokalen übergehen, wie z. B. „mmmaaaoooaaammm".

Sprechen Sie engagiert und lebendig. Setzen Sie Betonungen und arbeiten Sie die Bedeutung Ihrer Aussagen auch sprecherisch heraus. Schaffen Sie Nachdruck durch kurze Pausen und variieren Sie in Tempo und Sprechmelodie. Etwas schnelleres und etwas lauteres Sprechen sowie höhere Variabilität (Abwechslung) beim Sprechen wirkt überzeugender, angemessen schnelleres Sprechen fördert zudem die Aufnahme und Behaltensleistung von Fakten (Allhoff/Allhoff 2006).

Artikulieren Sie verständlich und prägnant. Die Klarheit der Aussprache verstärkt die Klarheit der Aussage! Falls Sie zum Nuscheln neigen oder ganz einfach den Mund beim Reden nicht aufmachen, kann eine einfache und hochwirksame sprecherzieherische Übung helfen. Während des Sprechens nehmen Sie einen Korken zwischen die Zähne. Sprechen Sie so, dass Sie trotz des Widerstandes noch verständlich sind und nehmen Sie nach ein paar Sätzen *während* eines Satzes den Korken heraus (auf keinen Fall am Satzende). Ihre Artikulationswerkzeuge arbeiten noch ein, zwei Sätze mit voller Intensität weiter, und Sie sprechen automatisch deutlicher. Der alte „schlampige" Artikulationsstil stellt sich zwar schnell wieder ein, aber bei regelmäßigem Üben wird der beschriebene Effekt immer nachhaltiger, der veränderte Sprechklang wird im Körpergedächtnis abgespeichert, und es braucht den Korken nicht mehr. Einstellung und Wille zur deutlichen Sprechweise genügen.

Senken Sie Ihre Stimme ab, wenn Sie eine Aussage treffen. So setzen Sie sprecherisch den Punkt, machen das Ende ihrer Ausführungen deutlich und stellen eine klare Botschaft in den Raum. Im Deutschen endet jede Aussage mit einer fallenden Sprechmelodie (beobachten Sie einmal unter diesem Aspekt die Nachrichten), bei Fragen geht die Stimme nach oben, wenn wir das Signal setzen, dass wir noch nicht fertig sind, bleibt die Stimme in der Schwebe. Im stressfreien Zustand machen wir das ohne große Überlegung richtig. Beim öffentlichen Reden aber, wenn wir angespannt sind, unter Zeitdruck stehen oder ganz einfach möglichst viel in unser Statement packen wollen, sprechen wir „ohne Punkt und Komma" und bleiben ganz unbewusst nach jedem Satz mit der Stimme oben. So kommt es, dass Aussagen dann unfertig klingen oder gar fragwürdig, als unwesentlich wahrgenommen werden und untergehen, weil die nachfolgende (vielleicht weniger wichtige) Aussage sie überlagert.

Mit Punkt, also mit Stimmsenkung gesprochen, wirken Ihre Worte hingegen stark, kompetent und glaubwürdig und sind nicht mehr in Frage zu stellen. Natürlich besteht so die Gefahr, dass andere einhaken. Aber schließlich haben Sie nichts davon, wenn Sie ununterbrochen reden dürfen, aber niemand wirklich zuhört. Weniger ist oft mehr und besser nur ein Argument, das wirklich ankommt, als zehn, die im

Raum verpuffen. Außerdem brauchen die anderen irgendwann ja auch eine Gelegenheit zuzustimmen. Vermitteln Sie verbal oder über Ihre Körpersprache, wenn Sie weiterreden wollen, nicht über das Sprechen. Senken Sie nach jeder wichtigen Aussage die Stimme ab.

Was tun, wenn …
Ihre Stimme dünn ist, die Aussprache undeutlich und das Sprechverhalten ausdrucksarm?

- Sprecherzieherische Übungen (am besten unter professioneller Anleitung) helfen.
- Wenn Ihnen dieser Einsatz zu hoch oder aus organischen Gründen keine Verbesserung möglich ist, seien Sie sich darüber im Klaren, dass es für andere anstrengend ist, Ihnen zuzuhören, und achten Sie als Ausgleich auf eine möglichst gut verständliche Sprache, machen Sie kurze Sätze und kümmern Sie sich um spannende, lebendige und ansprechende Formulierungen.

Um Reaktionen auf Ihren Beitrag, Stimmungen und Haltungen der anderen Teilnehmenden besser einschätzen zu können, ist es natürlich auch wichtig, deren nonverbalen Ausdruck sensibel aufzunehmen. Positive Signale spornen uns an, und umgekehrt ist es hilfreich, zu erkennen, was genau an anderen vielleicht irritiert, Energie raubt oder gar aggressiv macht.

Sitzen Sie aber nicht mit der Analyse-Brille im Gespräch (z. B. wenn er oder sie etwa die rechte Augenbraue hebt, dann bedeutet dies …), sondern fragen Sie sich, welche Gedanken und Gefühle dieses Verhalten bei Ihnen auslöst. Seien Sie sich auch darüber im Klaren, wie schnell wir bei der Einschätzung von nonverbalen Signalen Fehler machen (wie auch in unserer Wahrnehmung allgemein, s. Kap. 3.1.1).

Wir sind vielleicht mit ganz viel Übung in der Lage, das Ausdrucksverhalten eines anderen Menschen ganzheitlich wahrzunehmen, meist aber konzentrieren wir uns auf bestimmte Bereiche (z. B. Gesicht, Haltung, Stimme). Wir neigen dazu, nonverbale Signale nach unseren eigenen Erfahrungen und Toleranzgrenzen zu bewerten (andere schauen aus unserer Sicht z. B. skeptisch – vielleicht sind sie aber nur nachdenklich) und darüber hinaus (nicht selten fehlerhafte) Erklärungen nachzuschieben (z. B. die schauen alle so skeptisch, weil sie meine Idee daneben finden – vielleicht denken die anderen aber bereits über Möglichkeiten der Umsetzung nach). So kann schnell ein Teufelskreis in Gang gesetzt werden und ein Phänomen eintreten, das die Psychologie mit dem Begriff „self-fulfilling-prophecy“ umschrieben hat (Merton 1948; Watzlawick 1981). Durch Ihr eigenes Verhalten tragen Sie dazu bei, dass Ihre Erwartungen und Hypothesen wahr werden. Um im Beispiel zu bleiben: Sie sind verunsichert, deshalb vermeiden Sie Blickkontakt, versprechen sich, Stimmsenkungen fehlen, Sie werden zunehmend leiser, verlieren an Überzeugungskraft, und irgendwann findet die Besprechungsrunde Ihre Idee vielleicht wirklich „daneben“, und Sie stellen fest, dass Sie wieder einmal recht hatten …

Entscheidend ist es, bei der Interpretation von Körpersprache zum einen die eigenen Hypothesen mit der gebotenen Vorsicht zu betrachten und zu überprüfen (fragen Sie z. B.: „Bevor ich weiter in die Details einsteige – wie finden Sie grundsätzlich meine Idee?“) und zum anderen auf eine möglichst ganzheitliche Wahrnehmung und auf „Signalketten“ (Kmoth 2003) zu achten. Inwieweit passen z. B. Mimik und Haltung zusammen? Oder liegen widersprüchliche Botschaften vor? Vielleicht sogar in einem einzigen Ausdruck – z. B. kann man durchaus auch beim Lächeln anderen die Zähne zeigen.

Geeignete Auswahl und Gestaltung der Argumente wie auch der optimale Einsatz persönlicher Wirkungsmittel sind wichtig und hilfreich im Prozess der Überzeugung – aber leider nicht immer ausreichend. Überzeugung braucht anders als bloßes Überreden das engagierte und ehrliche Einverständnis des Gesprächspartners oder der Gesprächspartnerin. Wenn diese aber nicht wirklich wollen, nicht einsichtig sind oder ganz einfach eine grundlegend andere Meinung haben, können wir „mit Engelszungen“ reden – umsonst! Wir müssen erst die Handbremse lösen, bevor wir losfahren.

2.3.3 Umgang mit Widerstand und Einwänden

Zunächst zur Begriffsklärung: Während Widerstand hier eine tiefliegende *innere* Haltung der Ablehnung meint, versteht sich der Einwand als nach *außen* gezeigtes Verhalten. Wenn Zweifel und Bedenken konkret ausgesprochen werden, zeigt sich der Widerstand *offen*, bleibt es aber bei Hinhalte-Formulierungen, Ausflüchten oder Verallgemeinerungen ist der Widerstand *verdeckt*.

Offenen Widerstand können Sie durchaus als Chance begreifen, mitunter vielleicht sogar als ein „halbes Ja“. Sie bleiben im Gespräch und haben die Möglichkeit, wichtige Informationen, Beweise oder Begründungen nachzureichen und Missverständnisse aufzuklären. Verdeckter Widerstand hingegen ist schwerer zu knacken. Hier ist es zunächst nur wichtig, dass ein offener Gedankenaustausch überhaupt möglich wird. Statt Reden ist Zuhören angesagt. Ist Ihr Gesprächspartner oder Ihre Gesprächspartnerin aber nicht bereit, konkrete Bedenken zu äußern, sollten Sie keiner vorschnellen Entscheidung zustimmen und den Besprechungspunkt vertagen, so dass Sie sich eine neue Strategie zurechtlegen können (z. B. bilaterale Gespräche oder Gespräche im kleinen Kreis, Einbindung der nächsten Führungsebene oder Entwicklung alternativer Vorschläge). Hier einige Tipps zum Gesprächsverhalten:

Machen Sie den Widerstand durch offene Fragen konkret. Fragen Sie z. B.: „Was beschäftigt Sie bei dem Thema?“ – „Was ist für Sie hier wichtig?“ – „Wo liegen aus Ihrer Sicht die Schwierigkeiten?“ – „Was ist noch offen/fragwürdig/irritierend?“ – „Was macht es Ihnen schwer, an dieser Stelle zuzustimmen?“

Definieren Sie die Ebene des Widerstandes. Wenn z. B. ein Kunde im Autohaus nicht kaufen will, kann die Ursache in der *Person* liegen, ihrem Wertesystem oder ihren Möglichkeiten (z. B. „Das Auto ist zu sportlich für mich, das bin ich gar nicht gewohnt“ oder „Der Autokauf übersteigt meinen finanziellen Rahmen“). Sie kann in der *Sache* begründet sein (z. B. „In der Zeitung steht, dass das Auto folgendes Problem haben soll“), aber auch in der *Beziehung* (z. B. „Diesem Verkäufer vertraue ich nicht, der will mir nur was aufschwätzen“). Ist die Beziehungsebene Ursache des Widerstandes, ist es meist besonders schwierig, an das Problem heranzukommen. Nur die wenigsten sind es gewohnt, zwischenmenschliche Vorbehalte offen anzusprechen. Doch nicht nur im Verkauf ist es wichtig, die drei Ebenen des Widerstandes zu erkennen. In der Besprechung sind andere Teilnehmende vielleicht gegen Ihren Vorschlag, weil er Arbeit nach sich zieht (Person), weil Sie sich aus Sicht der anderen zu wichtig machen oder im Gegenzug zu wenig Engagement zeigen (Beziehung) oder weil Ihre Idee den Kostenrahmen sprengt (Sache). So erklärt es sich schnell, dass auch die besten Sachargumente mitunter nicht immer ankommen.

Begegnen Sie dem Widerstand dann mit zielgerichteten Argumenten, Angeboten oder Verhaltensweisen. Anknüpfend an das Beispiel aus dem Autoverkauf, beweisen Sie dem Kunden, dass die bekannten Probleme des Autos Kinderkrankheiten waren. Sie schwätzen ganz einfach weniger und hören besser zu oder Sie verstärken im Kunden den Wunsch nach etwas Neuem bzw. unterbreiten ein interessantes Finanzierungsangebot.

Anregungen zur inneren Haltung:

- Bleiben Sie gelassen. Reagieren Sie weder in Worten noch im Ton gereizt, wenn Sie nicht sofort Zustimmung bekommen, und üben Sie keinen Druck aus, indem Sie Ungeduld zeigen.
- Bleiben Sie möglichst dicht an der Sache. Unterstellen Sie keine finsteren Absichten oder mangelnde Intelligenz. Klären Sie besser die Hintergründe.
- Wechseln Sie die Seite. Und betrachten Sie die Sache aus der Sicht Ihres Gegenübers. Interessieren Sie sich und versuchen Sie zu verstehen, was Ihre Gesprächspartnerin oder Ihren Gesprächspartner stört, wo Zweifel und Unsicherheiten liegen und wie es zustande kommt, dass er oder sie die Sache genau so und nicht anders sieht.
- Behalten Sie trotz Stress und Ärger Ihre Wertschätzung für die Gedanken und Ideen anderer.

**Was tun, wenn …
die Gegenseite persönlich beleidigt ist?**

- Verlassen Sie die Sachebene und machen Sie das Beziehungsproblem zum Thema.
- Fragen Sie nach, was los ist, und hören Sie wertungsfrei zu.
- Gegebenenfalls entschuldigen Sie sich.
- Sprechen Sie Ihre eigenen Eindrücke, Vermutungen und Gefühle an.
- Besprechen Sie Erwartungen und legen Sie gemeinsame Spielregeln fest.

Für die konkrete Widerlegung von Einwänden können Sie in vielen Situationen folgende Grundmuster nutzen:

Einwandvorwegnahme. Nachteile, Probleme oder zu erwartende Gegenargumente nehmen Sie bereits in das eigene Statement auf (z. B. „Mir ist klar, das Ganze wird nicht billig werden, nur wenn Sie bedenken, dass …“). So wird einerseits Ihre persönliche Glaubwürdigkeit gestärkt und andererseits haben Sie die Chance, den Einwand abzuschwächen oder geschickt zu verpacken (z. B. mit der Sandwichtechnik, s. Kap. 2.3.1). Natürlich gilt es, im Vorfeld genau zu bedenken, ob und mit welcher Wahrscheinlichkeit mit dem Einwand zu rechnen ist – nicht, dass Sie am Ende schlafende Hunde wecken.

Rückfrage. Sie haben so die Möglichkeit, den Einwand zu klären oder zu relativieren. Dies ist umso wichtiger, je allgemeiner der Einwand formuliert ist. Auf Einwände, wie z. B. „Ich finde das nicht gut" – „Das wird nicht funktionieren" – „Damit kommen Sie nie durch" usw., können Sie nicht gezielt antworten und laufen Gefahr, ins Allgemein-Unverbindliche abzurutschen oder eben genau auf das zu entgegnen, was *nicht* gemeint war. Stellen Sie daher immer Konkretisierungsfragen (s. a. Kap. 1.2.1). Fragen Sie z. B.: „Was *genau* stört Sie – wird nicht funktionieren?" oder „Wie kommen Sie darauf, dass ich damit nicht durchkommen werde?"

Gewichtung. Dieses Muster nutzen Sie immer dann, wenn der Einwand schlicht und ergreifend berechtigt und nicht zu widerlegen ist. Also akzeptieren Sie das Gegenargument und heben darauf ab, dass ein anderer Aspekt, Blickwinkel oder Vorteil von viel größerer Bedeutung ist (z. B. „Die Maßnahme ist viel zu teuer" – „Sicher nicht billig, fördert aber in hohem Maße ein positives Betriebsklima. Und darum geht es doch in unserem Unternehmen. Wie auch die Geschäftsleitung formuliert hat ..."). Ein Beispiel aus der Werbung: Der VW-Käfer galt in den USA als ausgesprochen hässliches Auto. Statt den potenziellen Kundinnen und Kunden dies auszureden – was wohl auch gar nicht möglich wäre –, hatte VW ein Plakat entwickelt, auf dem das Modell einer Mondfähre zu sehen war und darunter der Satz „It's ugly, but it get's you there" (Schönert 1988, 70). Hier wurde der Einwand „Es ist hässlich" akzeptiert und die Argumentation auf einen anderen Aspekt verlagert: „aber es bringt dich dorthin", d. h. es ist zuverlässig. Und genau darauf kommt es bei einem Auto an (und er läuft ... und läuft ... und läuft ...).

Plus-Minus-Liste. Während die Gewichtung mit der Qualität der Argumente arbeitet, setzt dieses Muster auf Quantität. Die Menge der Vorteile überwiegt die Nachteile (z. B. „Zugegeben ein Nachteil, dafür aber drei Vorteile").

Umkehrung. Wenn es vom Inhaltlichen her möglich ist, ziehen Sie aus dem Einwand andere und für Sie positive Schlüsse (z. B. „Sie sind zu jung für diesen Job" – „Gerade deshalb kann ich mich gut in ein neues Team einpassen"). Nach ähnlichem Muster arbeitete die amerikanische Mietwagenfirma Avis, die mit ihrem Slogan „Wir geben uns mehr Mühe" sehr erfolgreich ihre Marketingstrategie auf der Tatsache aufbaute, dass Avis nur auf Platz zwei unter den Mietwagen stand (Ries/Trout 1986, 54f).

Reflexion der Konsequenzen. Um deutlich zu machen, dass die konsequente Umsetzung der Gegenposition gewaltige Nachteile mit sich bringt und von daher abzulehnen ist (z. B. „Alles viel zu teuer“ – „Billiger geht nur auf Kosten der Qualität, und Qualitätsverlust bedeutet Kundenverlust“).

Abfrage weiterer Einwände. So gewinnen Sie erst einmal Zeit und können besser einschätzen, wie stark der Widerstand ist, mit dem Sie sich auseinandersetzen müssen. Vielleicht gelingt es Ihnen, die Debatte – zumindest in Teilaspekten – zu vertagen. Darüber hinaus können Sie sich aus der Liste der Einwände denjenigen aussuchen, der am leichtesten zu entkräften ist. Ein Vorteil, denn: Jede Kette ist nur so stark wie ihr schwächstes Glied.

Was tun, wenn …
die Gegenseite unverschämt wird?

- Sprechen Sie sachlich, d. h. ohne Vorwürfe, Unterstellungen oder Retourkutschen, an, was genau Sie stört.
- Machen Sie deutlich, dass Sie dieses Verhalten oder diese Forderungen nicht akzeptieren.
- Und formulieren Sie Ihre Erwartungen.

Was jetzt noch fehlt für die „Kunst der Überzeugung“, steht in der Praxis ganz am Anfang: Die gründliche Vorbereitung.

2.3.4 Checkliste und Leitfragen zur Vorbereitung

ZIELE: Maximalziel – Minimalziel – Alternativen – Ausstieg

- Was will ich im besten Fall erreichen? Was will ich mindestens erreichen?
- Bei welchen Vorschlägen, Forderungen, Angeboten könnte ich mitgehen? Was geht auf keinen Fall?
- Wie gestalte ich den Ausstieg? Soll die Türe zu sein oder offen bleiben? Wie kann ich mir Chancen erhalten?

ARGUMENTE: Auswahl – Gestaltung – Einwandwiderlegung

- Was spricht für meinen Vorschlag, meine Idee, meine Forderung?
- Welche Argumente könnten für wen besonders wichtig und interessant sein?
- Wie werde ich meine Argumente aufbereiten?
- Was spricht gegen meinen Vorschlag, meine Idee, meine Forderung? Welche Einwände könnten kommen?
- Wie kann ich ihnen begegnen?
- Welche Informationen/Unterlagen/Daten brauche ich noch?

PERSONEN: Standpunkte – Beziehungen

- Welche Vorschläge oder Ideen könnten von anderen Teilnehmerinnen oder Teilnehmern kommen? Wie werden sie argumentieren?
- Wie werde ich damit umgehen?
- Welche Atmosphäre erwartet mich in der Besprechung? Wie kann ich selbst die Arbeitsatmosphäre beeinflussen?
- Mit wem kann ich gut? Mit wem weniger gut?
- Wie werde ich damit konstruktiv umgehen?
- Wer hat die Gesprächsleitung? Was ist von dieser Person zu erwarten?
- Welche außenstehenden Personen (z. B. Führungskräfte, Lieferanten, Kunden) oder Rahmenbedingungen (z. B. Konzernstruktur, Politik) spielen eine Rolle und können das Besprechungsergebnis beeinflussen?
- Welche Abhängigkeiten existieren?

STRATEGIE

- Was ist meine Kernstrategie? Durchsetzung? Anpassung? Kompromiss? Beide Seiten sollen gewinnen?
- Wie werde ich konkret vorgehen?
- Welche Informationen brauche ich, und wie kann ich sie bekommen?
- Inwieweit will und kann ich die Besprechungsrunde an der Entwicklung der Lösung beteiligen?
- Wie sieht für mich der optimale Gesprächsverlauf aus?
- Welche Möglichkeiten gibt bzw. lässt mir hier die Tagesordnung?
- Welche die Besprechungsleitung?
- Welche Punkte sollen wann in welcher Intensität diskutiert werden?
- Was mache ich, wenn die anderen nicht mitspielen?
- Wie kann ich auf eine Entscheidung hinarbeiten?

KATASTROPHENPLAN: Was tun, wenn …

- Was macht mich unsicher? Welche Zweifel bewegen mich? Welche persönlichen Schwächen muss ich berücksichtigen?
- Wer aus der Besprechungsrunde könnte zum Problem für mich werden? Durch welches Verhalten?
- Kurz: Was könnte passieren? Wie kann ich vermeiden, dass es passiert? Und wie reagiere ich, wenn es passiert?

2.4 Abwehr von Manipulationsversuchen

Leider geht es nicht allen Beteiligten immer um faires Überzeugen. Sie müssen auch damit rechnen, dass andere versuchen, Sie mundtot zu machen, zu überreden oder über den Tisch zu ziehen. Es ist daher notwendig, auch manipulative Methoden zu kennen. Nur so kann man den entsprechenden Tricks ausweichen oder sie entlarven. Nachstehend eine Auswahl an unfairen Strategien und Taktiken, die natürlich beileibe keinen Anspruch auf Vollständigkeit haben kann.

Unfaire Strategien auf der Sachseite

Fakten fälschen oder verzerren. Seien Sie misstrauisch (ohne das schlechte Gewissen, Sie könnten anderen Unehrlichkeit unterstellen), prüfen Sie den Sachverhalt gründlich und lassen Sie sich zu keiner Entscheidung nötigen.

Es ist übrigens durchaus schwierig, im Alltag bewusst eingesetzte Lügen zu erkennen, auch wenn in der wissenschaftlichen Literatur eine Reihe von typischen nonverbalen wie auch sprachlichen Indikatoren des Lügens beschrieben wird (z. B. mehr Zwinkern, weniger Lachen oder Lächeln, Abnahme redebegleitender Gesten, höhere Stimme, vermehrte Sprach- und Sprechfehler oder auch mehr irrelevante Information und mehr absolut formulierte Aussagen). Sie müssen davon ausgehen,

„dass jemand, der gezielt die Unwahrheit vermitteln will, auf Stereotype der Wahrhaftigkeit setzt, Stereotype des Täuschens und daraus ableitbare Hinweise auf Täuschung aber konsequent zu vermeiden versucht. Geht man von den vorliegenden empirischen Befunden aus, so sind solche Strategien des Täuschens erfolgreich, zumindest in dem Sinn, dass sie häufig nicht durchschaut werden." (Lukesch 2003, 148)

Situation verschleiern (z. B. unklare Vollmachten). Fragen Sie nach.

Völlig überraschend neue Fakten präsentieren. Fordern Sie Zeit zur Prüfung (ohne das schlechte Gewissen, Sie allein wären nicht informiert und müssten doch eigentlich auch Bescheid wissen).

Tagesordnung manipulieren. Fragen Sie im Vorfeld nach der Tagesordnung, reflektieren Sie die Vorgehensweise und beantragen Sie, wenn nötig, Änderungen (z. B. mehr Zeit für den kritischen Punkt, andere Reihenfolge der Themen, erweiterter Kreis usw.).

Vom Thema ablenken. Bleiben Sie hartnäckig (auch wenn es Sie nervt!).

Absichtlich missverstehen oder fehlinterpretieren. Bleiben Sie gelassen, behalten Sie einen langen Atem, erläutern Sie zum wiederholten Mal, machen Sie deutlich, wo der Denkfehler des Gegenübers liegt.

Schwer verständlich formulieren. Haben Sie Mut zur Frage (selbst wenn Sie befürchten, alle außer Ihnen hätten es kapiert).

Begriffe unklar verwenden. Fragen Sie sofort nach („Was genau verstehen Sie unter ...?“).

Unfaire Strategien auf der menschlichen Seite

Durch bohrendes Fragen verunsichern. Lassen Sie sich nicht zum Auskunftsbüro machen. Stellen Sie Gegenfragen oder verschieben Sie das Thema auf eine andere Person. Die Tatsache, dass Sie gefragt werden, heißt noch lange nicht, dass Sie auch antworten müssen.

Persönliche Glaubwürdigkeit in Frage stellen (z. B. „Früher haben Sie aber anders geredet!“). Machen Sie deutlich, dass ein Meinungswechsel durchaus legitim ist („Warum nicht? Die Zeiten ändern sich und die Verhältnisse ändern sich, ich muss mich auf die aktuelle Situation einstellen“) und es nur richtig ist, wenn man Irrtümer einsieht.

Herunterspielen (z. B. „Das ist doch ein alter Hut, das hat doch Herr X schon vor drei Jahren erzählt, das ist nun wirklich nichts Besonderes“). Achten Sie darauf, dass der Vorschlag trotzdem im Gespräch bleibt, indem Sie die Eckpunkte und Vorteile Ihres Vorschlags noch einmal nennen und zu Nachfragen auffordern.

Desinteresse zeigen (z. B. auf die Uhr schauen, Blickkontakt entziehen, gähnen). Lassen Sie sich nicht aus dem Konzept bringen (vor allem, wenn die Provokation in einer größeren Runde nur von einer Person kommt. Es sitzen schließlich noch mehr Menschen am Tisch!). Kämpfen Sie um die Aufmerksamkeit, bauen Sie Blickkontakt auf, stellen Sie Fragen.

Vereinnahmen (z. B. „Das meinte ich eben auch“, „Praktisch ist das doch das Gleiche, wie ich eben …“, „Genau das war auch meine Idee“). Bleiben Sie hartnäckig und zeigen Sie die Unterschiede auf.

Pokern (z. B. Schweigen, starre Mimik, keine Meinung äußern, unbeteiligt zurücklehnen). Stellen Sie offene Fragen, bringen Sie das Pokerface ins Gespräch, notfalls schweigen Sie noch länger (auch wenn es schwerfällt).

Sturheit (z. B. „sehe ich nicht ein“, „nützt doch nichts“, „mach ich nicht“). Fordern Sie genauso stur Begründungen ein.

Persönliche Angriffe in jedweder Form (z. B. Aussehen ansprechen, verspotten, Kompetenz bestreiten, Integrität in Frage stellen, abfällig den Kopf schütteln usw.).

- Überhören bzw. übergehen: Nicht selten die beste Strategie, vor allem wenn Sie in größerer Runde sitzen und der Angriff verdeckt, als Scherz getarnt, mal eben so dahergesagt oder als unpassende Zwischenbemerkung kommt. Läuft die Attacke dann ins Leere, bleibt es oft bei einem ersten Versuch, und bei anderen Besprechungsteilnehmenden können Sie punkten, wenn Sie gelassen bleiben. Lassen Sie sich nicht aus dem Konzept bringen, machen Sie ganz selbstverständlich im Thema weiter. Das heißt: Überhören heißt nicht still sein oder sich zurückziehen, sondern aktiv bei der eigenen Linie bleiben. Oft leichter gesagt als getan! Die Natur will entweder fliehen oder aber den Kampf aufnehmen, stärker sein und zurückschlagen – dieses Revierverhalten steckt nun einmal noch immer in uns. Bedenken Sie aber die lange Geschichte der Evolution und setzen Sie Ihr Großhirn ein!
- Sachliche Erwiderung/Erklärung: Auf die provokante Bemerkung „Wie lange sind Sie eigentlich schon in der Firma?“ (Unterton: „Sie haben ja keine Ahnung“) z. B. reagieren Sie mit einem Satz wie: „Seit fast einem Jahr. Und wie ich eben schon ausgeführt habe, ist es wichtig, dass …“
- Humorvoll kontern: Das hätten wir wohl alle gern – spontan eine pfiffige Bemerkung auf Lager und die Lacher auf der Seite. Schlagfertigkeit

ist die Methode der Wahl, wenn Sie es gut machen. Wenn nicht, kommt der missglückte Witz schnell als Bumerang zurück. Vielleicht gehören Sie auch zu den vielen Menschen, denen die genau richtige Antwort meist erst zwei Stunden später einfällt. Dann müssen Sie üben oder Sie lassen es und nutzen eine andere Strategie. Schließlich brauchen Sie nicht rhetorisch zu brillieren, es reicht, wenn Sie sich durchsetzen.

- Den Angriff verstärken: Mit dieser Strategie wiederholen Sie einen bösartigen Zwischenruf noch einmal und zu allen anderen am Tisch (z. B. „Das ist doch Quatsch, was Sie da sagen“ – „Ach so, ich rede Quatsch“). Häufig wendet sich damit das Blatt, die Attacke wird peinlich und mit einem „So habe ich das nicht gemeint“ zurückgenommen. Worauf Sie mit einem gelassenen „Dann ist es ja gut“ im Text weitermachen können.
- Nachfragen: Diese Strategie ist bei verdeckten Angriffen (wie z. B. „Wo haben Sie denn Ihren Führerschein gemacht?“) sehr effektiv. Reagieren Sie mit einer Frage (z. B. „Was interessiert Sie daran?“, „Warum fragen Sie?“, „Was wollen Sie mir damit sagen?“). Jetzt ist die Gegenseite in der Pflicht. Kommt durch die Nachfrage ein offener Angriff zu Tage, können Sie sich auseinandersetzen, kommt ein Rückzug nach dem Prinzip „Ich mein ja nur …“, ist das Thema vom Tisch.
- Konfrontieren: Sie verlassen das Sachthema und machen die Provokation zum Thema. Dabei ist es wichtig, nicht beleidigt und gereizt zu reagieren, sondern sachlich anzusprechen, was Sie beobachten, was Sie stört und welches Verhalten Sie erwarten (s. a. Kap. 3.2.2). Wenn es für Sie wichtig ist, sprechen Sie auch Ihre Gefühle an (z. B. „Sie stellen meine Kompetenz in Frage“ oder „Sie greifen mich persönlich an“ – eventuell „Das ärgert/verletzt mich – ich erwarte, dass wir uns hier auf das Thema konzentrieren“). Auf diese Art erzwingen Sie eine offene Auseinandersetzung. Entweder der Angreifer oder die Angreiferin hat ohne böse Absicht beleidigt und kann dies klarstellen. Vielleicht werden Sie aber auch erneut angegriffen (z. B. „Das stimmt auch, Sie haben keine Ahnung!“), dann stellen Sie fest, dass eine vernünftige Gesprächsbasis fehlt, und Sie können die Diskussion guten Gewissens abbrechen.
- An die Seite treten: Trotz aller Attacken bleiben Sie in freundlichem Blickkontakt und begegnen Ihrer Kritikerin oder Ihrem Kritiker interessiert, akzeptierend und wertschätzend. Ein solches Verhalten kommt völlig unerwartet, verwirrt und verdirbt den Spaß an der Provokation. Dazu kommt, dass mancher Angriff aus einem inneren Druck heraus passiert, einer Angst oder dem Gefühl, von anderen abgelehnt zu werden. Freundliches Entgegenkommen nimmt diesen negativen Gefühlen die Nahrung.

  Die rein rhetorische Variante dieser Strategie wäre ein freundliches Aufgreifen und damit Umdrehen einer negativen Bemerkung. Einen

Satz, wie z. B. „Sind Sie auch wieder in der Firma?“ (Unterton: Sie waren viel zu lange im Urlaub!), kontern Sie mit: „Danke der Nachfrage! Ich habe mich im Urlaub sehr gut erholt!“

Körperlichen Stress erzeugen (z. B. mit dem Rücken in den offenen Raum sitzen lassen, Sonne ins Gesicht scheinen lassen, Distanzzonen verletzen, Körpersprache bedrohlich einsetzen, Unterbrechungen provozieren etc.). Machen Sie sich das damit erzeugte unangenehme Gefühl bewusst und suchen Sie nach Möglichkeiten, Stressfaktoren auszuschalten (z. B. Platz wechseln) oder, so gut es geht, auszublenden.

Für den Umgang mit Manipulationsversuchen auf der sachlichen wie auf der zwischenmenschlichen Ebene lassen sich drei grundlegende Strategien unterscheiden:

1. Ausweichen: Der Schlag läuft ins Leere, Sie spielen nicht mit, lassen sich nicht aus dem Konzept bringen, bleiben souverän und ziehen Ihre Sache durch.

2. Eigene Spielregeln aufstellen: Statt zu reden, fragen Sie, statt Allgemeinheiten zu akzeptieren, fordern Sie konkrete Aussagen ein, statt in einer ungünstigen Sitzposition zu verharren, suchen Sie sich einen neuen Platz, statt im Besprechungsmarathon müde zu werden, regen Sie eine Pause an usw.

3. Taktik entlarven: Machen Sie deutlich, dass Sie das Spiel durchschauen und nicht bereit sind mitzuspielen. Formulieren Sie Ihre Erwartungen (z. B. „Sie bringen völlig unerwartet neue Zahlen ins Spiel. Auf dieser Basis werde ich mit Sicherheit keiner Entscheidung zustimmen. Ich brauche Zeit, um die neue Sachlage zu prüfen, und künftig lassen Sie mir die Daten bitte im Vorfeld zukommen“).

Und wenn das alles nichts nützt, können Sie 4. immer noch abbrechen und deutlich machen, dass Sie auf diesem Niveau nicht bereit sind, weiter an der Besprechung teilzunehmen.

3 Umgang mit Konflikten in der Besprechung

Wo immer Menschen zusammen leben und arbeiten – also auch in Besprechungen – sind Konflikte eher die Regel als die Ausnahme. Das mag erstaunen, da sich die meisten Menschen wohl nicht als „Streithanseln“ einschätzen würden, die unbedingt einen Konflikt provozieren wollen. Zur Frage, was denn überhaupt ein zwischenmenschlicher Konflikt sei, definiert Rüttinger (1980, 22):

„Soziale Konflikte sind Spannungssituationen, in denen zwei oder mehr Parteien, die voneinander abhängig sind, mit Nachdruck versuchen, scheinbar oder tatsächlich unvereinbare Handlungspläne zu verwirklichen, und sich dabei ihrer Gegnerschaft bewusst sind.“

Diese Spannungen und das Gegeneinander der Teilnehmenden scheinen gerade in Besprechungen deutlich größer zu sein als die gegenseitige Unterstützung und die gemeinsame Lösungssuche.

„Man hat festgestellt, dass Besprechungsteilnehmer annähernd 80% der Zeit damit verbringen darüber nachzudenken, weshalb Maßnahmen (die gerade ein Kollege vorgeschlagen hat) sich nicht umsetzen lassen ... Nur in einer von fünf Besprechungsrunden bemühen sich die Teilnehmer, handfeste Ergebnisse zu erzielen ... Die Kooperation während einer Besprechung lässt zu wünschen übrig. Um nicht zu sagen: Ist bestürzend schlecht“

meint jedenfalls Tosch (2002, 7). Nun können Konflikte natürlich zerstörend wirken, wenn es nicht gelingt, sie in konstruktive Bahnen zu lenken. Umgekehrt beinhaltet jeder Konflikt aber auch ein hohes Maß an Energie, das – wenn dieses für die Gruppe und die einzelnen Teilnehmenden nutzbar gemacht wird – den Boden für eine fruchtbare Zusammenarbeit bilden kann.

Damit Ihnen dies gelingt, ist es wichtig zu wissen, welche Ursachen überhaupt zur Entstehung von Konflikten beitragen, wie Sie bereits bestehende Konflikte konstruktiv lösen können und was Sie tun können, um einer Eskalation des Konflikts vorzubeugen. Diese Aspekte greifen wir im Folgenden auf. Wir beziehen uns dabei im Schwerpunkt auf den zwischenmenschlichen Konflikt, für die Lösung von Sachkonflikten braucht es abhängig von der Problemstellung eben auch spezifische sachbezogene Lösungen. Einige grundlegende Anregungen haben Sie bereits unter dem Stichwort „gemeinsame Lösungssuche“ erhalten (Kap. 2.2.2).

3.1 Wie entstehen zwischenmenschliche Konflikte?

Die wichtigsten und häufigsten Konfliktursachen liegen in der individuell unterschiedlichen Wahrnehmung von Menschen sowie in der Mehrdeutigkeit unserer Kommunikation. Aber auch in der Entwicklung einer Gruppe an sich sind Konflikte begründet.

3.1.1 Wahrnehmung ist immer subjektiv

Wir täuschen uns, wenn wir glauben, dass wir die Welt und die Menschen, Dinge und Sachverhalte in ihr so wahrnehmen, wie sie wirklich sind. Sie brauchen nur die Schilderungen zweier Zeugen ein und desselben Unfalls zu hören und Sie werden sich höchstwahrscheinlich die Frage stellen, ob die beiden wirklich denselben Unfall gesehen haben – Richter und Polizisten können ein Lied davon singen.

Ganz klar eine Bank …

Dieses Phänomen macht auch vor betrieblichen Zusammenhängen nicht Halt. Man nimmt ein und denselben Sachverhalt unterschiedlich wahr, behält unterschiedliche Details im Gedächtnis und zieht unterschiedliche Schlussfolgerungen daraus.

Unser Wahrnehmungssystem funktioniert eben nicht wie die Festplatte eines Computers oder DVD-Rekorders – ganz im Gegenteil, wie grundlegende Erkenntnisse der Wahrnehmungspsychologie zeigen (Gegenfurthner 2003; Goldstein 2002; Krummenacher et al. 2005). Unsere Aufnahme- und Verarbeitungskapazität ist begrenzt (am Abend eines langen und anstrengenden Arbeitstages überhören Sie vielleicht ganz einfach einige Details, die für die nächste Besprechung wichtig wären), und unsere Wahrnehmung ist geleitet von persönlichen Motivationen, Vorerfahrungen und subjektiven Bedeutungszuweisungen. Wenn Sie hungrig durch eine Stadt gehen, werden Sie deutlich mehr Gaststätten und Cafes sehen, als wenn „Shoppen" angesagt ist.

Begrenztheit, Subjektivität und Selektivität der Wahrnehmung beinhalten an sich schon ein gewisses Konfliktpotenzial. Unsere Wahrnehmung hält jedoch noch weitere Fallstricke bereit, die Konflikte heraufbeschwören können. Hier sind vor allem Wahrnehmungsverzerrungen zu nennen, wie z. B. sogenannte Positionseffekte, die Übergewichtung einzelner Informationen oder der Halo-Effekt (Hartung 2000; Jackson 1999).

Positionseffekte: Informationen, die wir an erster bzw. an letzter Stelle wahrnehmen, steuern unseren gesamten Eindruck. Sprich, von den Ausführungen Ihres Gegenübers werden Sie vor allem das wahrnehmen, im Gedächtnis behalten und in Ihrem Urteil davon beeinflusst werden, was er oder sie am Anfang und am Schluss sagt (s. a. Sandwicheffekt, Kap. 2.3.1).

Übergewichtung einzelner Informationen: Wir nehmen tendenziell diejenigen Informationen bevorzugt wahr, die in das eigene Konzept passen. Gegenteilige Informationen blenden wir aus oder gewichten sie zumindest weniger. Werden also in einer Besprechung einige Gründe für und einige Gründe gegen das von Ihnen favorisierte Projekt genannt, werden mit hoher Wahrscheinlichkeit die Pro-Argumente deutlicher in Ihrer Wahrnehmung und Erinnerung präsent sein.

**Was tun, wenn …
Ihr Gegenüber genau dieses tut?**

- Sorgen Sie dafür, dass Sie gerade über die Gegenargumente im Gespräch bleiben.
- Fragen Sie nach, was Ihr Gesprächspartner oder Ihre Gesprächspartnerin dazu meint, erzwingen Sie eine Reaktion und damit eine Auseinandersetzung mit den Argumenten, die Ihrem Gegenüber nicht ins Konzept passen.

Der Halo-Effekt: Ein bestimmtes Charakteristikum einer Person kann uns so blenden (wie es eben ein Heiligenschein macht), dass wir an der Person nur noch dieses eine wahrnehmen und alles andere untergeht. So sind Sie vielleicht in einem Vorstellungsgespräch durch das ständige „äh“ und „hm“ des Bewerbers so negativ berührt, dass Sie nur noch dieses hören, seinen hoch qualifizierten inhaltlichen Ausführungen gar nicht mehr folgen und nicht verstehen können, wieso sich Ihre Kolleginnen und Kollegen dafür aussprechen, diesen Bewerber einzustellen.

Die konfliktträchtigste Falle, in die uns unsere Wahrnehmung stolpern lässt, ist jedoch ein Phänomen, das in der psychologischen Verhandlungsforschung (Trötschel 2000) als „Naiver Realismus“ bezeichnet wird. Da wir unsere eigene Wahrnehmung von Personen und Sachverhalten für objektiv halten, erwarten wir, dass andere in der gleichen Situation unsere eigenen Sichtweisen und Reaktionen teilen müssten. Zeigen andere Menschen nun aber ganz andere Wahrnehmungen, Sichtweisen und Reaktionen, so ist dies in unserer Überlegung zwangsläufig darauf zurückzuführen, dass sie entweder nicht in der Lage sind, zu vernünftigen Schlussfolgerungen zu kommen, in irgendeiner Weise voreingenommen sind oder gar uns ganz persönlich das Leben schwermachen wollen. Und nahezu automatisch bringen diese Unterstellungen von Unvernunft, Voreingenommenheit oder Boshaftigkeit den Konflikt mit sich. Was lässt sich nun aus diesen Erkenntnissen der Psychologie für unser Thema folgern?

- Jeder Besprechungsteilnehmer und jede Teilnehmerin lebt in der eigenen subjektiven Wahrnehmungs- und Interpretationswelt.
- Sie können nicht selbstverständlich davon ausgehen, dass Ihr Gegenüber das, was Sie äußern oder präsentieren, überhaupt in allen Details wahrnimmt, und noch viel weniger, dass er oder sie es so wahrnimmt

und interpretiert, wie es in Ihrer persönlichen Realität richtig und angemessen erscheint.
- Diese Unterschiedlichkeit ist aber nicht auf Unvernunft, Dummheit oder Voreingenommenheit zurückzuführen, sondern beruht auf den ganz normalen Gegebenheiten der menschlichen Wahrnehmung.
- Es lohnt sich, wenn wir uns klarmachen, dass alle und vor allem auch wir selbst, diesen Wahrnehmungsfehlern unterliegen. Diese Erkenntnis macht uns vielleicht gelassener und zeigt uns die Notwendigkeit, durch unser eigenes Kommunikationsverhalten für Verständigung zu sorgen.

3.1.2 Kommunikation ist nicht immer eindeutig

Eine häufige Ursache für die Entstehung und Eskalation von Konflikten sind Missverständnisse oder unabsichtliche Verletzungen und Beleidigungen in der Kommunikation. Im Folgenden sind einige typische Ursachen für dieses „Aneinander-Vorbei“ beschrieben.

Kommunikation auf vier Ebenen – das Modell von Schulz von Thun

Da wäre z. B. die Tatsache, dass Kommunikation nicht nur eindimensional zu verstehen ist, sondern sich auf vier Ebenen erstreckt (Schulz von Thun 1989). Stellen Sie sich folgende Situation vor: Ein Kollege hat einen Lösungsvorschlag eingebracht, und Sie sagen zu ihm: „Ich glaube, wir sollten Ihre Vorschläge nochmals in Ruhe überdenken.“ Der Kollege antwortet Ihnen daraufhin erbost: „Sie meinen wohl, Sie hätten die Weisheit mit Löffeln gefressen und könnten an allem herumkritisieren.“ Wahrscheinlich sind nun Sie erbost über diese Abfuhr, wo Sie doch nur ganz sachlich vor einer vorschnellen Entscheidung warnen wollten. Um diese Gesprächssequenz und das resultierende Missverständnis zu verstehen, ist es hilfreich, das Kommunikationsmodell nach Schulz von Thun (1989) zu Rate zu ziehen. Der Autor beschreibt Kommunikation auf vier Ebenen:

1. Sache (worüber man redet),
2. Selbstkundgabe (was man über sich selbst aussagt),
3. Appell (was man vom anderen möchte),
4. Beziehung (wie man zum anderen steht).

Alle vier Ebenen können bereits in einem einzigen Satz stecken. Zum Beispiel lässt sich der Satz „Das Fenster ist offen“ unterschiedlich interpretieren. Es wird eine Aussage über den Zustand des Fensters getroffen (Sache), wer den Satz sagt, kann frieren (Selbstkundgabe), einen anderen veranlassen, das Fenster zu schließen (Appell), oder deutlich machen, wer im Raum das Sagen hat (Beziehung).

Missverständnisse entstehen, wenn verdeckt kommuniziert wird, d. h. die eigentliche Mitteilung zwischen den Zeilen gelesen wird. Verdeckte Mitteilungen werden durch die Art der Formulierung gegeben (z. B. Ironie, Übertreibung, Verniedlichung) oder über den nonverbalen Kanal ausgedrückt. Über Stimme, Aussprache, Betonung, Mimik, Blicke, Gestik oder Körperhaltung werden körpersprachlich Hinweise darauf gegeben, wie der sprachliche Teil gemeint ist. Der Sender einer verdeckten Mitteilung hat aber keinen Einfluss darauf, ob der Empfänger die Botschaft auch „richtig" versteht. Wird hingegen offen kommuniziert und deutlich angesprochen, welche Ebene Thema ist, und werden Befindlichkeiten, Vorstellungen und Absichten klar dargelegt, gibt es die Chance für eine echte Auseinandersetzung und damit letztlich auch für Verständigung. Für die vier Seiten sind dabei folgende Hinweise wichtig:

1. **Sachseite:**
- Drücken Sie sich kurz, prägnant und verständlich aus.
- Strukturieren Sie größere oder komplizierte Themen und stellen Sie die Gesprächsstruktur ggf. schriftlich dar.
- Halten Sie Zwischenergebnisse fest.

2. **Selbstkundgabe:**
- Klären Sie Absichten und Ziele.
- Sprechen Sie von sich und für sich.

3. **Appell:**
- Formulieren Sie Aufträge und Bitten konkret und differenziert (z. B. statt „Schicken Sie mir bitte bald" besser „Schicken Sie mir bitte bis Dienstag").
- Formulieren Sie positiv (z. B. statt „Hören Sie bitte damit auf" besser „Machen Sie bitte stattdessen").

4. **Beziehung:**
- Achten und respektieren Sie den Gesprächspartner als Person.
- Sprechen Sie Störungen in der Beziehung an (s. a. 3.2.2).

Allerdings kann es unterschiedlich schwer sein, mit den verschiedenen Ebenen umzugehen. Jemand kann vielleicht sehr verständlich und anschaulich Sachthemen erläutern, ist aber sprachlos, wenn es um die Beziehung geht. Andere sprechen ohne Schwierigkeiten Beziehungen an, haben aber vielleicht Mühe, klar und verbindlich einen Arbeitsauftrag zu erteilen.

Da Kommunikation immer zweiseitig ist, trägt natürlich auch der Empfänger oder die Empfängerin der Mitteilung wesentlich zur Verständigung bei. Im aufgezeigten Modell kann Information nicht nur auf vier verschiedenen Ebenen gesendet werden, sondern wir haben sozusagen auch vier Ohren, d. h. wir nehmen auf jeder der vier Ebenen wahr und prägen damit den Fortgang der Kommunikation. So kann der Satz „Das Fenster ist offen“ verschiedene Reaktionen hervorrufen:

1. „Das ist richtig“ (Sachohr),
2. „Ist Dir kalt?“ (Selbstkundgabe-Ohr),
3. „Ich mach' es gleich zu“ (Appellohr),
4. „Ich bin doch nicht Dein Dienstbote“ (Beziehungsohr).

Verständigung wird erschwert, weil der Empfänger oder die Empfängerin die Nachricht filtert, d. h. nur die Anteile wahrnimmt, die er oder sie herauszuhören gewohnt ist, und je nach Selbstbild, Vorurteilen, Lebensgeschichte oder persönlichen Neigungen interpretiert. Zwischen Männern und Frauen soll das Gerüchten zufolge ja ganz normal sein …

Um Missverständnisse zu vermeiden, ist es also besonders wichtig, genau zuzuhören, nachzufragen und die eigenen Wahrnehmungen rückzumelden und damit überprüfbar zu machen. Wie können wir nun mit diesem Wissen das Missverständnis in unserem Anfangsbeispiel erklären? Nun, Sie senden zwar aus Ihrer Sicht auf der Sachebene, wenn Sie sagen „Ich glaube, wir sollten Ihre Vorschläge nochmals in Ruhe überdenken", Ihr Gegenüber hört jedoch mit dem Beziehungsohr. Er oder Sie hat eventuell ein negatives Selbstbild, hat häufig schon Kritik erfahren müssen oder hat vielleicht auch Vorurteile Ihnen gegenüber, so dass das Gesagte als negative Beziehungsbotschaft bei ihm bzw. ihr ankommt. Dementsprechend kommt in der Antwort die Kritik zurück.

Was tun, wenn …
Sie sich im Gespräch mit unterschiedlichen Kommunikationsebenen konfrontiert sehen?

- Bleiben Sie gelassen – Ihr Gegenüber ist höchstwahrscheinlich nicht bösartig, sondern hört auf einer anderen Ebene, als Sie beabsichtigt hatten.
- Versuchen Sie herauszufinden, auf welchem Ohr Ihr Gegenüber gehört hat.
- Überlegen Sie, was Ihr Gegenüber durch seine Reaktion über sich selbst aussagt.
- Kommunizieren Sie offen und verdeutlichen Sie nochmals, was Sie mit Ihrem Statement vermitteln wollten.
- Machen Sie sich bewusst, dass auch Sie vier Ohren haben und nicht immer das hören, was beabsichtigt war.

Kommunikation aus drei Ich-Zuständen – die Transaktionsanalyse

Ein weiteres Modell für die Konfliktentstehung aufgrund mehrdeutiger Kommunikation liefert die Transaktionsanalyse. Dieses von Berne (1985; 2002) entwickelte Kommunikationsmodell basiert auf folgender Grundannahme: Wir kommunizieren aus *drei* verschiedenen *Ich-Zuständen* heraus. Berne bezeichnet sie als Eltern-Ich, Erwachsenen-Ich und Kind-Ich.

Das *Eltern-Ich* beinhaltet Einstellungen und Verhaltensweisen, die wir im Laufe unserer Entwicklung von Eltern und/oder anderweitigen Autoritäten übernommen haben. Es hat einen fürsorglichen und einen kritischen Aspekt.

Aussagen in Besprechungen, die aus dem gütigen, fürsorglichen, wohlmeinenden Eltern-Ich-Aspekt kommen, sind beispielsweise: „Sie schaffen das schon", „Ich mache das für Sie", „Beruhigen Sie sich", „Es wird alles gut" usw.

Aussagen des kritischen, strengen Eltern-Ich-Aspekts wären dagegen: „Machen Sie mal", „Hören Sie endlich auf", „Sie müssen einsehen", „Sie sollten endlich", „Wie können Sie nur" usw.

Das *Erwachsenen-Ich* beinhaltet rationale, sachliche Einstellungen und Verhaltensweisen. Es zeigt sich selbständig und an Fakten orientiert. Aussagen aus dem Erwachsenen-Ich könnten lauten: „Wenn Sie berücksichtigen", „Wenn Sie prüfen", „So ist die Vereinbarung", „Wir gehen folgendermaßen vor" usw.

Das *Kind-Ich* beinhaltet Vorstellungen, Gefühle und Verhaltensweisen, die aus der kindlichen Entwicklung stammen. Es hat einen angepassten, einen rebellischen und einen freien Aspekt.

Ein Mitarbeiter, der aus dem angepassten, braven Kind-Ich heraus handelt, reagiert beispielsweise in der Besprechung, indem er nickt, alles schluckt, unreflektiert gehorcht usw.

Eine aus dem rebellischen Kind reagierende Person würde sich verweigern und vielleicht äußern: „Das mache ich aus Prinzip anders", „Keine Lust", „Das stinkt mir" usw.

Das freie Kind will Spaß und formuliert Gefühle wie z. B.: „Das finde ich toll", „Wir können gemeinsam lachen/träumen/Quatsch machen" usw.

In jeder Gesprächssituation sind wir stets in einem dieser Ich-Zustände, zwischen denen im Verlauf eines Gesprächs auch gewechselt werden kann. Grundsätzlich können Gesprächssituationen so lange problemlos fortgesetzt werden, wie beide Parteien aus sogenannten parallelen bzw. komplementären Ich-Zuständen reagieren.

Beispiel:

A: Wir sollten uns zur Vorbereitung unserer Präsentation treffen.

B: Ja, wann hast du diese Woche noch Zeit?

A: Bei mir würde der Mittwochnachmittag gut passen.

B: Da habe ich schon einen Termin, ginge es auch am Donnerstag?

Eine komplementäre oder parallele Transaktion liegt also vor, wenn die Reaktion des Gegenübers aus dem angesprochenen Ich-Zustand erfolgt. Beide Personen im Beispiel agieren und reagieren jeweils aus dem Erwachsenen-Ich, sind sachlich und nehmen einander ernst.

Bei komplementären Transaktionen läuft die Kommunikation flüssig und kann prinzipiell unbegrenzt lange dauern, womit jedoch nicht die Qualität des Austausches beschrieben ist.

Schwieriger wird es bei gekreuzten Transaktionen. Hier kommt die Reaktion nicht aus dem angesprochenen Ich-Zustand. Dies führt zu Irritationen, unguten bzw. aggressiven Gefühlen oder einer überraschenden Wendung im Gespräch.

Beispiel:
A: Weißt du, wo meine Besprechungsunterlagen liegen?
B: Pass doch endlich mal besser auf Deine Sachen auf!

Person A spricht hier sachlich aus dem Erwachsenen-Ich und wendet sich an das Erwachsenen-Ich von Person B.

Person B zieht sich aber in ihr kritisches Eltern-Ich zurück und wendet sich an das Kind-Ich des Gegenübers. Schon ist eine Unstimmigkeit im Gespräch vorprogrammiert.

Noch komplizierter wird es, wenn die Kommunikation verdeckt läuft, d. h. nonverbal werden andere Ich-Zustände eingeschaltet als im Text.

Beispiel:
A sagt mit vorwurfsvollem Tonfall in der Besprechung zu B: „Das ist die dritte Cola, die Sie jetzt trinken."

Auf den ersten Blick handelt es sich um eine sachliche Aussage aus dem Erwachsenen-Ich, die sich wiederum an das Erwachsenen-Ich von B wendet. Der vorwurfsvolle Tonfall macht aber deutlich, dass auf einer verdeckten Ebene die Aussage aus dem kritischen Eltern-Ich von A kommt. Auch in diesem Fall ist eine Unstimmigkeit oder ein Konflikt vorprogrammiert, wenn der oder die Angesprochene aus dem rebellischen Kind antwortet: „Das geht Sie gar nichts an, wie viel Cola ich trinke!"

Grundsätzlich gilt: Aus dem Eltern-Ich heraus zu agieren birgt ein großes Konfliktpotenzial. Die meisten Menschen reagieren sehr empfindlich auf Bevormundung. Das kritisch-strenge Eltern-Ich ist dabei besonders schwierig, aber auch wohlmeinende Fürsorglichkeit führt oft zu Widerstand (vgl. Umgang mit väterlichen Chefs) und Ablehnung.

Auf der Ebene des freien Kindes kann man sehr viel Spaß haben und Kreativität leben, allerdings wird es schwierig, wenn in der Besprechung nur eine Partei aus diesem Zustand heraus agiert. Gegenseitiges Nicht-Verstehen kann Konfliktpotenziale verstärken.

Günstig und am „ungefährlichsten“ ist es, aus dem Erwachsenen-Ich heraus zu agieren und zu reagieren und damit den Gesprächspartner auch als Erwachsenen zu behandeln. So regt man in Besprechungs- und auch in Konfliktsituationen sachlich sinnvolle und kooperative Lösungen an.

Die aufgezeigten Kommunikationsmodelle machen deutlich, dass schon der Prozess der Kommunikation, der kaum jemals völlig eindeutig ist, zur Entstehung von Konflikten in einer Besprechung beitragen kann. Es sind aber nicht nur die Fallen im Kommunikationsprozess, die Konflikte in Besprechungen heraufbeschwören. Weiteres Konfliktpotenzial liegt in der Gruppe der Besprechungsteilnehmenden und deren Entwicklungsprozess begründet. Erklärungsansätze dafür bietet uns die Gruppendynamik.

3.1.3 Gruppendynamik sieht Konflikte vor

Bereits in den 1960er Jahren erkannte die Psychologie, dass Gruppen, und damit auch eine Besprechungsrunde, in ihrer Entwicklung einem Prozess mit mehreren unterscheidbaren Phasen unterliegen. Das *Phasenmodell nach Tuckman* (1965) hat noch heute Gültigkeit. Es unterscheidet:

- **Phase 1:** Forming (Orientierung; Anpassung),
- **Phase 2:** Storming (Konflikte und Differenzierung),
- **Phase 3:** Norming (Festigung der Gruppenstruktur, Aufbau von Normen) und
- **Phase 4:** Performing (Arbeit der Gruppe im engeren Sinn).

Wie Sie sehen, ist das Auftreten von Konflikten ein unumgänglicher Bestandteil in der Gruppendynamik. Jedes Mitglied steckt sozusagen sein Revier ab und stellt nach einer ersten Orientierung diejenigen Aspekte in den Vordergrund, die es als Individuum auszeichnen und von den anderen abgrenzen. Das kann in einer Besprechung schon einmal bedeuten, dass eigene Standpunkte überdeutlich zum Ausdruck gebracht werden und andere Meinungen oder vielleicht sogar Personen angegriffen werden. Man stellt auch die Leitung in Frage, boykottiert Verfahrensvorschläge und baut Gegenpositionen auf. Ähnlich wie im Tierreich wird also ein Kampf um die Rangordnung ausgetragen. Es geht darum, den eigenen Platz, die eigene Rolle und den eigenen Status in der Gruppe zu finden.

Aber keine Sorge: Nicht in allen Gruppen zeigt sich diese Konfliktphase wirklich in einem extremen Gegeneinander. Vielfach reichen kleinere Reibereien, Sticheleien und „Hahnenkämpfe“ aus, um die Platzverteilung zu regeln. Umgekehrt müssen Sie sich aber darüber im Klaren sein, dass diese Phase zur normalen Entwicklung der Gruppe dazugehört. Wenn Sie also nach einer vielleicht sogar recht harmonischen Einstiegsphase plötzlich bemerken, dass es in der Besprechung zu kriseln beginnt oder Sie auch bei sich selbst Gedanken wahrnehmen wie „Der glaubt wohl, außer ihm hat keiner rechnen gelernt. Den werde ich jetzt mal so richtig auflaufen lassen“, dann ist das zunächst kein Grund zur Beunruhigung. Es ist lediglich ein Zeichen dafür, dass jetzt die Konfliktphase der Gruppenbildung erreicht ist. Jetzt geht es darum, auch Spannungen und Konfrontation auszuhalten, selbst Position zu beziehen und Konflikte lösungsorientiert anzugehen (s. Kap. 3.2).

Auch gruppendynamische Rollenmodelle machen deutlich, dass Konflikte ein Teil des Gruppenalltags sind. David Kantor (in Isaacs 2002, 165–172) beschreibt vier grundlegend verschiedene Aktionsformen, die in Gruppen und auch in Gesprächen zum Tragen kommen: Die treibende Kraft (Richtung), den Anhänger (Erfüllung), den Widersacher (Korrektur) und den Zuschauer (Perspektive). „In einem guten Gespräch, so Kantor, sind alle vier Aktionshaltungen präsent und im Gleichgewicht. Alle Beteiligten haben die Freiheit, nach Belieben zwischen den Haltungen zu wechseln.“ (S. 166) Mit anderen Worten: Jedes Team hat und braucht die Rollen:

- Spielmacher/in (schiebt an, gibt Richtungen vor),
- Mitspieler/in (folgt und unterstützt),
- Gegenspieler/in (opponiert),
- Spielbeobachter/in (nimmt die Außenperspektive ein),

und diese Rollenverteilung sieht Konflikte vor. Gegenspieler oder Gegenspielerin nehmen eine wichtige Funktion in der Gruppe ein, es ist geradezu ihre Aufgabe, zu widersprechen und so Konflikte zu provozieren.

Vielleicht sagen Sie jetzt: „Wozu soll denn das gut sein? Jemand, der kritisiert und blockiert und das Klima vergiftet!“ Stellen Sie sich vor, es würde kein Statement der Spielmacher kritisch hinterfragt; es würde niemand sich trauen, auch einmal einer scheinbar völlig plausiblen Schlussfolgerung zu widersprechen etc. – das Resultat wären

Entscheidungen, die ein hohes Fehlerpotenzial beinhalten, weil sie weder auf mögliche Fallen und Risiken noch auf mögliche Alternativen hin abgeklopft sind. Dem Gegenspieler kommt folglich eine wichtige Korrekturfunktion zu. Auch wenn er oder sie häufig als überkritisch und endlos widersprechend erlebt wird, sollten Sie sich ebenso vor Augen halten, was diese Rolle an hilfreichen Aspekten beinhaltet: Die Person in dieser Rolle beweist den Mut, auch unangenehme Fragen zu stellen und vorschnelle Entscheidungen zu bremsen. Sie macht vielleicht überhaupt erst für alle bewusst, dass die erste Idee nicht die beste sein muss und dass auch nicht jeder Vorschlag einer einflussreichen Person ohne Nachfrage abgenickt werden muss.

Natürlich ist das persönliche Verhalten an dieser Stelle von großer Bedeutung. Es macht einen Unterschied, ob man „immer und aus Prinzip dagegen ist" und die Rolle letztlich nur nutzt, um das eigene Dominanzstreben auszuleben oder ob sich Gegenspieler bzw. Gegenspielerin in den Dienst der Sache stellen (im Übrigen sind auch Spielmacher und Spielmacherinnen, denen es lediglich um die eigene Selbstdarstellung geht, für den Teamerfolg ebenso wenig förderlich wie in den beiden anderen Rollen unreflektiertes Mitläufertum oder gar tatenloses Zusehen). Im Idealfall zeigt der Gegenspieler oder die Gegenspielerin Wertschätzung im persönlichen Bereich, opponiert aber engagiert in der Sache. Dadurch entsteht ein Meinungskonflikt, der die Sachentscheidung positiv beeinflusst. Doch auch wenn Sie in einer Besprechung einen kämpferischen, angriffslustigen und wenig wertschätzenden Gegenspieler erleben, so ist es auf alle Fälle hilfreich, sich zu fragen: „Was leistet diese Person gerade im positiven Sinn für die Besprechung?", „Wovor schützt sie uns eventuell?" und „Wie kann die Energie, die jetzt gerade in Kritik und Vorwürfen steckt, förderlich genutzt werden?"

Noch ein weiterer Aspekt begünstigt aus Sicht der Gruppendynamik die Entstehung von Konflikten: Vielleicht hatten Sie selbst in der einen oder anderen Besprechung auch schon mal den Eindruck, dass es unterschwellig eigentlich um ganz andere Dinge und Themen geht, als sie in der Besprechung offiziell behandelt werden. In jeder Gruppe kommt neben der behandelten Sachthematik auch noch eine andere Ebene ins Spiel, nämlich die Beziehung der Teilnehmenden untereinander.

Sozialpsychologie und Gruppendynamik (z. B. König/Schattenhofer 2007) greifen zur Veranschaulichung häufig auf das Bild des Eisbergs zurück, bei dem ja bekanntlich nur etwa ein Siebtel aus dem Wasser herausragt und die restlichen sechs Siebtel im Wasser verborgen sind. Nun können wir es uns so vorstellen, dass das eine Siebtel über der Wasseroberfläche für die Sachebene, die behandelte Thematik in der Besprechung, steht. Diese ist allen zugänglich und kann auch offen kommuniziert werden. Die restlichen unsichtbaren sechs Siebtel stehen für die Beziehungsebene. Dieser Teil unter Wasser wird meist nicht wahrgenommen, ist aber von großer Bedeutung – denken Sie nur an die „Titanic", sie ist daran zerschellt! Es ist also äußerst wichtig wahrzunehmen, wie die Teilnehmenden miteinander umgehen. Wessen Ideen werden aufgegriffen und fortgeführt – wessen Ideen werden überhört? Wer hört wem zu? Wer fällt wem ins Wort? Wer gähnt gelangweilt, wenn bestimmte Personen sprechen?

Die Stimmigkeit oder Unstimmigkeit auf der Beziehungsebene wirkt sich entscheidend auf die Zusammenarbeit auf der Sachebene aus: Erfahrungsgemäß kann es äußert schwierig sein, auch nur das simpelste Sachproblem konstruktiv zu lösen, wenn die Beziehungsebene der Teilnehmenden konfliktbeladen ist. Umgekehrt können aber selbst schwierigste Sachthemen plötzlich konstruktiv diskutiert werden, wenn die Wogen auf der Beziehungsebene geglättet sind.

Konflikte in der Besprechungsgruppe können also aus Störungen (der Kommunikation) einerseits und aus der Normalität (der Wahrnehmung und der Gruppendynamik) andererseits resultieren. Egal welcher Ursache ein Konflikt zuzuordnen ist, die große Herausforderung für Leitung und Teilnehmende wird es sein, mit dem Konflikt konstruktiv umzugehen und Konflikte als Chance zur Weiterentwicklung zu nutzen.

3.2 Wie lassen sich Konflikte lösen?

Vielleicht spricht die Leitung ein Machtwort, und es wird nicht mehr weiterdiskutiert – der unzufriedene Teilnehmer geht nach Hause und schreit dort seine Ehefrau an. Oder: Es wird so lange diskutiert, bis alles zerredet ist und keiner mehr weiß, worum es eigentlich geht. Oder auch: Es tun alle so, als gäbe es gar keinen Konflikt, und wundern sich, dass auf der Sachebene nichts vorwärtsgeht etc. etc.

Es gibt viele Möglichkeiten, einen Konflikt zu lösen oder, besser gesagt, kurzfristig zu beenden. Die Frage wird sein: Wie kommen Sie in Ihrer Besprechung zu einer guten und langfristig tragfähigen Konfliktlösung. Der erste Schritt wird sein, den Konflikt genauer unter die Lupe zu nehmen, um Ursachen und Auswirkungen zu bestimmen. Denn erst, wenn Sie das Problem wirklich erkannt haben, können Sie die richtige Lösung finden.

3.2.1 Fragen zur Konfliktdiagnose

Wenn Sie krank sind und einen Arzt aufsuchen, wird dieser zuerst eine Diagnose erstellen, d. h. er stellt Ihnen Fragen zu Ihrem Problem und schlägt Ihnen dann eine geeignete Behandlung vor. Auch wenn ein Konflikt besteht, brauchen Sie zunächst eine Diagnose und müssen konkrete Fragen zum Konflikt formulieren und beantworten. Und zwar sowohl, wenn Sie indirekt betroffen sind und andere bei der Konfliktlösung unterstützen wollen, wie auch, wenn Sie eigene Konflikte angehen wollen. Auch in diesem Fall lohnt es sich, das Problem ein Stück weit von außen zu betrachten.

Glasl (2002) verwendet in seinem Handbuch „Konfliktmanagement" allein gut 160 Seiten auf die Diskussion und Erläuterung der Konfliktdiagnose. Diese Ausführlichkeit mag in vielen Konfliktfällen sehr wohl angemessen sein, in Besprechungen ist es aber erforderlich, ein Instrument zur Hand zu haben, mit dem Sie sich schnell einen fundierten Überblick über den bestehenden Konflikt verschaffen können. Daher haben wir im Folgenden für Sie einen Leitfaden zusammengestellt, der die wichtigsten Fragen der Konfliktdiagnose abdeckt.

Wer sind die Beteiligten?

- Gab es bereits häufiger Konflikte zwischen diesen Personen?
- Gibt es eine Vorgeschichte zum aktuellen Konflikt?
- Hat sich der Konflikt bereits auf andere ausgeweitet, die Partei ergreifen?
- Gibt es Abhängigkeiten zwischen den Beteiligten, z. B. in der Hierarchie?

Worum geht es in dem Konflikt?

- Kommen die Beteiligten in der Sache nicht zusammen?
- Oder im Persönlichen?
- Oder in beidem?

Was könnten mögliche Ursachen sein?

- Ein zwischenmenschliches Problem, z. B. Konkurrenz? Neid? „Beleidigtheiten"? Antipathie?
- Unterschiedlichkeiten, z. B. im Arbeitsstil? Im Denken? In der Ausdrucksweise?
- Unklarheiten, Widersprüche, Überschneidungen in den Aufgaben und Rollen?
- Gründe, die in der Organisation liegen, z. B. mangelnde Abstimmung zwischen Abteilungen?

- Informationsdefizite bzw. unterschiedlicher Informationsstand?
- Oder schlicht andere Sichtweisen, Bewertungen und Ziele in der Sache?

Wie wird der Konflikt ausgetragen?

- Ist der Konflikt in einer „heißen“ Phase? Kochen die Emotionen über? Gibt es Vorwürfe? Persönliche Unterstellungen? Steigt die Lautstärke?
- Oder handelt es sich um einen kalten Konflikt? Ziehen sich die Beteiligten zurück? Wiegeln sie ab? Schweigen sie? Verweigern sie sich?

Wenn Sie den Konflikt so weit gründlich erfasst haben, geht es im nächsten Schritt darum, passende Lösungen zu entwickeln. Stellen Sie beispielsweise fest, dass die Ursache im unterschiedlichen Informationsstand der Konfliktparteien liegt, so bietet sich die Lösung unmittelbar an: Umfassend informieren. Sachkonflikte müssen verhandelt werden, d. h. Sie brauchen Fragen nach Hintergründen, Interessen und möglichen Alternativen, um neue und gemeinsame Lösungen zu finden (s. Kap. 2.2.2), oder eine Partei schafft es, die andere von ihrer Meinung oder ihrem Vorschlag tatsächlich zu überzeugen (s. Kap. 2.3). Liegt das Konfliktthema aber im zwischenmenschlichen Bereich, ist es i. d. R. deutlich schwieriger für uns, Lösungen zu finden, und oft noch schwieriger, sie tatsächlich anzugehen. Unsere erste Erkenntnis „Ich müsste es ihr oder ihm einmal sagen“ ist ja auch noch weit entfernt von einer konkreten Lösung. Entscheidend ist an dieser Stelle das WIE.

3.2.2 Anregungen zum Gesprächsverhalten

Wenn Sie sich entschlossen haben, zwischenmenschliche Konflikte in der Besprechung anzugehen, wird es nötig sein, konkret anzusprechen, was Sie stört, wie es Ihnen damit geht und was sie für eine gute Zusammenarbeit brauchen. Das klingt leichter, als es ist. Wir scheuen diese Gespräche, weil wir natürlich Gefahr laufen, uns noch weiter zu vergaloppieren. Wir haben die Sorge, dass neue Angriffe passieren, dass die oder der andere beleidigt ist und wir letztlich mehr kaputtmachen als gut. Die Psychologie gibt Ihnen hier hilfreiche Haltungen und Techniken mit auf den Weg, so dass eine konstruktive Gesprächsatmosphäre und Zusammenarbeit wieder möglich werden kann.

Der Kern einer gelingenden Gesprächsführung im Konflikt ist die sogenannte *Ich-Botschaft* nach Gordon (1972; 1982). Dies bedeutet: Verzichten Sie auf jede Art der Unterstellung oder Zuschreibung, was mit dem Gegenüber los sein könnte. Verzichten Sie also auf Du-Botschaften und verdeutlichen Sie stattdessen immer wieder, was mit Ihnen selbst los ist, wie es Ihnen in dieser Situation geht und was Ihre eigenen Wünsche, Bedürfnisse, Hoffnungen, Erwartungen oder Befürchtungen sind. Statt z. B. „Sie sind autoritär“ sagen Sie also „Ich fühle mich mit meinen Vorschlägen übergangen“, statt: „Sie können ja wohl nicht rechnen, wenn Sie dieses Projekt absegnen“ formulieren Sie Ihre persönliche Haltung „Ich habe, was die finanzielle Seite des Projekts anbelangt, große Bedenken, da ...“ oder statt: „Du bist schwierig“ machen Sie deutlich: „Ich komme mit Dir nicht klar.“ Ich-Botschaften werden i. d. R. vom Gegenüber ohne große Empfindlichkeiten angenommen. Denn schließlich können Sie niemandem auf die Zehen treten, wenn Sie an Ihrem Platz stehen bleiben.

Ich-Botschaften sind aber nicht als bloße Gesprächsrhetorik zu verstehen, sondern als Ausdruck einer inneren Haltung, die sowohl das eigene Erleben als auch die andere Partei ernst nimmt und respektiert. In der Praxis begegnen uns immer wieder vermeintliche Ich-Botschaften, wenn beispielsweise formuliert wird: „Ich denke, Sie sind viel zu blauäugig in Bezug auf ...“ oder „Meiner Meinung nach sind Sie sowieso viel zu nachgiebig.“ Vorsicht Falle: Äußerungen dieser Art bringen weder eigene Gefühle noch eigene Bedürfnisse, noch eigene Beobachtungen zum Ausdruck, sondern sind lediglich maskierte Unterstellungen. Echte Ich-Botschaften hingegen setzen auf Verständigung und vermitteln Wertschätzung auch im Konflikt.

Konstruktive Konfliktlösung braucht aber immer alle Beteiligten und sucht nach gemeinsamen Lösungen. *Offene Fragen* fördern diesen Prozess. Fragen Sie die andere Partei nach ihrem Erleben, nach Hintergründen, Vorstellungen und Wünschen. Hinterfragen Sie pauschale und bewertende Äußerungen, so dass Sie das Verhalten Ihrer Gesprächspartnerinnen oder Gesprächspartner besser einordnen können und zu Vereinbarungen kommen, die für beide Seiten passen. Vorsicht Falle: Achten Sie darauf, dass Ihre Fragen nicht zum Ausfragen werden. Es geht nicht darum, dass mit detektivischer Neugier alle Hintergründe durchleuchtet werden, und es geht erst recht nicht darum, dass Erklärungen und Rechtfertigungen eingefordert werden. Die Frage muss ein Angebot sein, eine Einladung, sich ins Gespräch einzubringen.

Um wirkliches Verstehen zu fördern, ist drittens *Aktives Zuhören* nach Gordon (1972; 1982) hilfreich. Sie brauchen dafür echte Aufmerksamkeit und die Bereitschaft, sich in andere hineinzudenken. Aktives Zuhören ist mehr als nur still sein und andere reden zu lassen. Aktives Zuhören bedeutet

- das, was Sie verstanden haben,
- fassen Sie immer wieder mit ihren eigenen Worten zusammen;
- dabei bewerten oder interpretieren Sie nicht, sondern
- bemühen sich herauszuhören, was der anderen Partei wichtig ist.

Aktives Zuhören drücken Sie begleitend auch durch nonverbale Signale aus, also beispielsweise Blickkontakt zur anderen Partei, Nicken oder ein bestätigendes „mhm“ etc. Auf diese Weise

- vermeiden Sie Missverständnisse (der oder die andere kann Sie korrigieren) und
- vermitteln dem Gesprächspartner oder der Gesprächspartnerin Interesse und Wertschätzung.

Vorsicht Falle: Aktives Zuhören braucht echtes Interesse. Mechanisches Nicken und ein rhythmisches „mhm“ tragen nicht wirklich zur Verständigung bei, wenn Sie innerlich bereits ganz woanders sind. Aktives Zuhören braucht auch eine akzeptierende innere Einstellung. Mitunter kann es schwierig sein, ein „So habe ich es aber nicht gemeint“ des Gesprächspartners oder der Gesprächspartnerin anzunehmen. Verfallen Sie nicht in Rechtfertigungen, Grundsatzdiskussionen oder gar Belehrungen.

Wichtig für den Umgang mit zwischenmenschlichen Konflikten ist nicht zuletzt viertens die Formulierung von *Erwartungen*. Sagen Sie möglichst

- konkret,
- positiv und
- in Form einer Ich-Botschaft,

was Sie brauchen, sich wünschen, worum Sie bitten oder was Sie ggf. auch einfordern. Sagen Sie z. B. konkret: „Ich brauche Deine Unterstützung. Nimm Dir bitte eine Viertelstunde Zeit, um mir zuzuhören.“ Formulieren Sie positiv: „Ich möchte den Gedanken zu Ende führen. Bitte geben Sie mir noch eine Minute“ statt negativ: „Unterbrechen Sie mich bitte nicht dauernd!“ und statt eines „Sie müssen“ sagen Sie: „Ich brauche von Ihnen“, statt eines „Sie dürfen nicht“ formulieren Sie: „Ich will/möchte nicht, dass Sie …“

- Sprechen Sie Ihr Gegenüber dabei direkt an: „Ich brauche von Ihnen/wünsche mir von Ihnen/erwarte von Ihnen …“ und
- verzichten Sie auf Konjunktive, also kein: „Ich wünschte, Sie würden …“

Vorsicht Falle: Vermeiden Sie Vergleiche, wie z. B. „Ich erwarte, dass Sie wie die anderen Kolleginnen und Kollegen …“, und Universalien, wie z. B. „wenigstens“ oder „endlich“. Dahinter verbirgt sich oft eine versteckte Bewertung oder ein versteckter Vorwurf! Natürlich wollen wir alle, dass unsere Wünsche, Bedürfnisse und Erwartungen auch genauestens erfüllt werden. Machen Sie sich aber bewusst, dass der oder die andere durchaus das Recht hat, Ihre Bitte abzulehnen.

Wenn Sie im persönlichen Konflikt Ihre Wünsche, Bitten und Erwartungen formulieren, ist es für die weitere Zusammenarbeit häufig gar nicht nötig, den „Stein des Anstoßes“, also das störende Verhalten des Gesprächspartners oder der Gesprächspartnerin, zu thematisieren. Wenn Sie dies aber tun wollen oder müssen sind nachfolgende Aspekte wichtig:

- Vermeiden Sie Interpretationen, Unterstellungen oder Bewertungen. Beschreiben Sie stattdessen anschaulich und sehr genau Ihre Beobachtungen.

  Wir verbinden oft nahezu automatisch und ohne uns dieses bewusst zu machen unsere Beobachtungen mit einer Interpretation und Bewertung. Zum Beispiel sehen wir während unserer Präsentation einen Besprechungsteilnehmer gähnen und interpretieren vielleicht: „Der findet meine Präsentation so langweilig, dass er sogar schon müde davon wird.“ Dabei kann das Gähnen viele andere Ursachen haben (z. B. eine anstrengende Sitzung im Vorfeld oder das Mittagstief). Fragen Sie sich: Was habe ich konkret gesehen? Was habe ich gehört? Und nur diese ganz konkreten Beobachtungen sprechen Sie an (z. B. „Sie gähnen“, „Sie runzeln die Stirn“, „Sie haben noch nicht auf meinen Vorschlag geantwortet“ oder „Sie haben den Abgabetermin gestern um 17 Uhr nicht eingehalten“). Warten Sie die Reaktion und die Erklärung des oder der anderen ab.
- Wenn Sie Ihre Interpretationen mitteilen wollen, äußern Sie deutlich, dass Sie hier Ihre eigenen Sichtweisen oder Vermutungen ansprechen. Verwenden Sie Formulierungen, wie z. B. „Sie wirken“, „Ich habe den Eindruck“, „Es scheint mir, als ob“, „Es kommt mir vor, wie wenn“ oder noch direkter „Ich nehme an“, „Ich vermute“ oder „Ich habe den Verdacht“.
- Vielleicht müssen Sie Verhalten aber bewerten (z. B. in der Projektleitung oder als Führungskraft). Auch hier gilt: Vermeiden Sie pauschale Äußerungen oder Unterstellungen, bleiben Sie bei einer konkreten Beobachtung und trennen Sie die Bewertung sorgfältig von der Beschreibung (z. B.: „Sie haben den Termin nicht eingehalten – das ist nicht in Ordnung/das werde ich kein zweites Mal akzeptieren“). In dieser Form

machen Sie Ihre Kritikpunkte besprechbar. Man kann zustimmen oder ablehnen, sachliche Gegenbeweise antreten oder den guten Willen bekunden. Man muss sich aber weder entschuldigen noch schämen, noch sich bedroht fühlen. So durchbrechen Sie den Teufelskreislauf des Konflikts (z. B. „Sie sind unpünktlich und unzuverlässig, so werden Sie nicht weit kommen im Unternehmen!" – „Ich komme jeden Morgen Punkt 8.30 Uhr in die Firma und mache seit fünf Jahren einen guten Job, das lasse ich mir von Ihnen nicht vorwerfen!")

- Um die persönliche Verbindlichkeit zu erhöhen und Ihrer Sichtweise mehr Gewicht zu verleihen, sprechen Sie an, was das Verhalten des oder der anderen für Sie bedeutet (z. B. „Ich bin irritiert", „Ich kann nicht verstehen", „Das stört mich", „Das passt nicht für mich" oder „So kann ich nicht weiterarbeiten").
- Teilen Sie sich mit, wenn Gefühle Sie bewegen (s. a. Kap. 3.2.3). Benennen Sie dabei Ihre Gefühle klar und differenziert (z. B. „Ich bin enttäuscht", „Ich bin in Sorge", „Ich bin unsicher", „Ich ärgere mich") und vermeiden Sie allgemeine Aussagen, die den Gesprächspartner oder die Gesprächspartnerin zur – vielleicht falschen oder oberflächlichen – Interpretation verleiten (z. B. „Ich fühle mich schlecht" oder „Ich fühle mich gut"). Vorsicht Falle: Mit dem Aufhänger „Ich fühle mich" wird nicht selten ein heimlicher Vorwurf an das Gegenüber transportiert. „Ich fühle mich hintergangen/nicht beachtet/missverstanden usw." meint im Grunde „Sie hintergehen mich/verstehen mich nicht/nehmen mich nicht ernst" usw.

  Wenn Sie Ihre Gefühle einbringen, wählen Sie aber sehr genau aus, in welcher Tiefe Sie sich mitteilen wollen. Im beruflichen Umfeld ist es meist nicht nötig, „ans Eingemachte" zu gehen und das innerste Erleben von Trauer, Angst oder Wut öffentlich zu machen (es sei denn, diese Gefühle sind für Sie das Kernthema und der Beziehungsrahmen lässt dies zu). Aber: Sie verlieren an Ausstrahlung und Verbindlichkeit, wenn Sie Ihre Gefühle unterdrücken. Je weniger lange Sie Ihre Emotionen aufstauen, desto leichter wird es sein, den für Sie und Ihr Umfeld angemessenen Ton zu treffen.

Vieles von dem, was Sie eben gelesen haben, findet sich vertiefend im Ansatz der „gewaltfreien Kommunikation" nach Rosenberg (2005). Im Vordergrund steht hier vor allem auch die intensive Konzentration auf Anliegen und Bedürfnisse der jeweiligen Konfliktparteien und die differenzierte Wahrnehmung und Beschreibung von Gefühlen. Die gewaltfreie Kommunikation baut auf den folgenden vier Komponenten auf:

1. **Beobachtungen** (was wir von anderen hören oder sehen),
2. **Gefühle** (wenn wir diese Handlungen beobachten),
3. **Bedürfnisse** (die hinter diesen Gefühlen stehen),
4. **Bitten** (die sich auf diese Bedürfnisse beziehen).

Mit diesen Komponenten umzugehen, ist mehr als eine Gesprächsstrategie im Konflikt. Es geht um eine grundlegende Haltung im Gespräch und unseren Mitmenschen gegenüber.

„So besteht die eine Seite der GFK darin, diese vier Informationsteile ganz klar auszudrücken, mit Worten oder auf andere Weise. Auf der anderen Seite nehmen wir die gleichen vier Informationsteile von unseren Mitmenschen auf. Wir treten mit ihnen in Kontakt, indem wir uns darauf einstimmen, was sie beobachten, fühlen und brauchen, und wenn wir dann den vierten Teil hören, ihre Bitte, was ihre Lebensqualität verbessern würde.“ (Rosenberg 2005, 25)

In der zwischenmenschlichen Kommunikation gibt es keine Garantien für den Gesprächserfolg – dafür sind die Menschen zu unterschiedlich und die Lebenserfahrungen zu prägend. Wenn Sie aber die oben genannten „Regeln“ zum Gesprächsverhalten beachten und vor allem trotz kritischer Punkte eine grundsätzlich wertschätzende und akzeptierende Haltung mit ins Gespräch nehmen, werden die meisten Menschen durchaus bereit sein, mit Ihnen gemeinsam den Konflikt zu lösen.

Was tun, wenn …
die anderen sich nicht an die Regeln halten?

- Bleiben Sie bei Ihrem Stil.
- Nehmen Sie abwertende Du-Botschaften nicht persönlich. Die wenigsten haben die Sichtweise der Ich-Botschaft gelernt.
- Akzeptieren Sie, dass nicht jeder und jede in der Lage ist, lösungsorientiert zu kommunizieren.
- Konzentrieren Sie sich auf Ihre Chance, andere mit Ihrem Gesprächsstil anzustecken.

3.2.3 Umgang mit emotionalen Spannungen

Die Psychologie betrachtet Emotionen als unabdingbar zum Menschen gehörend (z. B. Zimbardo/Gerrig 1999; Rost 2001), auch wenn sie in der modernen Leistungsgesellschaft, gerade im beruflichen Rahmen, oft eher als „Störgröße" betrachtet und möglichst ausgeblendet werden. Dabei hätten Sie vielleicht ohne manch warnende Emotion schon üble Fehlentscheidungen getroffen und ohne den Spaß an der Arbeit nur halb so viel zustande gebracht. Die im beruflichen Alltag häufig geforderte Sachlichkeit bedeutet schließlich nicht „Emotionslosigkeit". Gefühle haben auch im Arbeitsleben wichtige Funktionen inne und sollten ernst genommen werden.

Auch wenn uns von Kindheit an häufig eingeredet wird, manche Emotionen wären in Ordnung und manche nicht – wobei hier für Frauen und Männer immer noch deutlich unterschiedliche Maßstäbe gelten –, gilt grundsätzlich aber aus Sicht der Psychologie: Es gibt keine besseren oder schlechteren Gefühle. Weder Aggressivität noch Friedfertigkeit sind immer passend und richtig. Jedes Gefühl gehört zu der jeweiligen Person und ist für sie wahr. Höher und Höher (2000) zeigen auf: Maßgeblich ist nicht, welche Gefühle man hat, sondern dass die Gefühle bewusst und angemessen geäußert werden. Auch sollte der Anlass für das Gefühl mitgeteilt werden. Eine offene Kommunikation über Gefühle wie Freude, Wut, Enttäuschung etc. macht das Handeln verständlich.

Sie haben also sehr wohl ein Recht darauf, in einem Konflikt Emotionen zu erleben (es wäre eher verwunderlich, wenn Sie keine Emotion spüren würden). Sie haben aber im Sinne einer konstruktiven Konfliktlösung auch die Pflicht, angemessen mit Ihren Emotionen umzugehen und diese dem Gegenüber verständlich zu machen. Auch die Gegenseite hat ein Recht auf Emotionen. In Konfliktsituationen neigen viele Menschen dazu, Dinge und Situationen verzerrt wahrzunehmen. Oft verhalten sie sich auch ganz anders als sonst. Man sollte sich von vornherein bewusst machen, dass das Verhalten des anderen aufgrund des Konfliktes entsteht. Um die versteckten Aspekte eines Konfliktes wahrzunehmen, ist es hilfreich, sich in die Lage des anderen zu versetzen und sich für dessen Bedürfnisse zu interessieren. Wenn also Emotionen im Spiel sind:

- Erlauben Sie sich die eigenen Gefühle und erkennen Sie diese an. Kein: „Wie kannst Du Dich nur so aufregen" oder „Was bist Du schon wieder so empfindlich."

- Bleiben Sie bei sich und nehmen Sie Ihre eigenen Gefühle wahr, statt sich mit dem anderen zu beschäftigen, ihn herunterzusetzen, anzugreifen und für Ihre Gefühle verantwortlich zu machen. Die Verantwortung für unsere Gefühle tragen wir selbst, der oder die andere ist nur der Auslöser (also nicht: „Sie machen mich wütend" – andere haben nämlich gar nicht die Macht, Sie wütend zu machen, sondern das tun Sie ganz allein selbst).
- Teilen Sie die eigenen Gefühle mit. Konstruktiv geschieht dies in offener Kommunikation (d. h. nicht „spüren" lassen, sondern konkret formulieren) und in Form der eben genannten Ich-Botschaften (z. B. „Ich ärgere mich, wenn ...").
- Gestatten Sie der Gegenseite, Dampf abzulassen, ohne sofort darauf zu reagieren. Gefühle brauchen ihren Platz, und sie brauchen Anerkennung. Nur dann kann man sich aus der emotionalen Verstrickung befreien und wieder konstruktiv an einer Lösung arbeiten.
- Sprechen Sie die Gefühle des Gegenübers an, und zwar so, wie Sie diese wahrnehmen. Formulieren Sie eine persönliche Aussage (z. B. „Ich habe den Eindruck, Sie sind richtig sauer auf mich"), anstatt dem Gegenüber Gefühle zu unterstellen und ihn zu maßregeln (z. B. „Sie sind wieder so aufgebracht! Bleiben Sie doch sachlich!").
- Sprechen Sie positiv und vom Standpunkt der Gegenseite aus. So kommt zum Ausdruck, dass Sie sich in die Lage des anderen hinein versetzen können. Das wiederum beruhigt.

Gerade für den Besprechungsleiter oder die Besprechungsleiterin ist es auch wichtig, Emotionen in der Konfliktsituation zuzulassen. Ein vorschnelles Abblocken mit dem Hinweis, doch bitte sachlich zu bleiben, kann Emotionen im Keim ersticken und die Lösungsfindung scheinbar unerklärlich blockieren. Wenn beispielsweise ein enttäuschter Besprechungsteilnehmer seiner Enttäuschung nicht Luft machen darf, so wird er sich in einem wichtigen Aspekt seiner Person nicht ernst genommen fühlen. Er wird seine Energie dann vielleicht eher auf Überlegungen verwenden, alle möglichen Lösungen zu blockieren.

Allerdings kann trotz aller Versuche, eine konstruktive Konfliktlösung zu finden, in der Besprechung der Punkt kommen, an dem die Konfliktparteien mit einer selbständigen Lösung überfordert sind. Nun sieht sich vor allem die Besprechungsleitung der Aufgabe gegenüber, im bestehenden Konflikt vermitteln zu müssen.

3.2.4 Wenn Sie im Konflikt vermitteln müssen

Grundsätzlich gilt: Interne Konfliktvermittlung kann nur gelingen, wenn der Leiter oder die Leiterin den Konfliktparteien gegenüber eine neutrale Position einnehmen kann und wenn die Parteien diese Rolle anerkennen. Wenn Sie sich auf die Seite einer Konfliktpartei schlagen, steigt die andere Partei sofort aus dem Problemlöseprozess aus und boykottiert das Vorgehen oder die gefundenen Lösungen. Mit anderen Worten: Es ist nicht möglich, ein Konfliktgespräch zu moderieren, wenn man selbst involviert ist und offen oder insgeheim einer der Parteien recht gibt. In der Vermittlerrolle brauchen Sie Verständnis für die Position jeder beteiligten Konfliktpartei, für ihre Wünsche, Befürchtungen, „wunden Punkte“ und Interessen, Sie nehmen aber die Position des neutralen Dritten ein und steuern aus dieser Position heraus die Kommunikation in der Gruppe bzw. zwischen den Konfliktparteien. Das Ziel der Konfliktvermittlung ist eine kooperative und gemeinschaftliche Problemlösung.

Als „roter Faden“ für die Vermittlung in Konfliktsituationen sei hier ein *Sechs-Schritte-Modell* in Anlehnung an die Jeder-gewinnt-Methode zur Problem- und Konfliktbearbeitung nach Gordon (1982) vorgeschlagen. Aufgabe der vermittelnden Person ist es, die verschiedenen Phasen einzuführen und abzuschließen sowie die Konfliktparteien in den einzelnen Phasen durch Fragen, Zuhören und ggf. „Übersetzen“ zu begleiten. Für die Lösung sind die Konfliktparteien selbst verantwortlich. Vielleicht sagen Sie jetzt: „Aber in manchen Konflikten habe ich die Lösung so deutlich vor Augen, dass ich diese den Parteien doch gleich sagen, ja vielleicht sogar aufzwingen kann. Das spart doch viel sinnlose Diskussionszeit!“ – Einfach wäre es ... aber die Praxis der psychologischen Beratung zeigt ganz klar:

- Lösungen, die von außen als gut betrachtet und daher jemandem aufgeredet oder gar aufgezwungen werden, werden kaum oder nur halbherzig umgesetzt,
- nur selbst gefundene Lösungen werden wirklich innerlich akzeptiert und in die Tat umgesetzt.

Und außerdem: Wehe wenn die von Ihnen aufgedrängte Lösung nicht funktioniert: Dann sind sich die Konfliktparteien schnell einig und verbünden sich gegen Sie, da Sie ja die fatale Empfehlung gegeben haben. Also: Ermöglichen Sie als neutrale dritte Partei eine selbständige Lösungsfindung der Konfliktgegner, auch wenn dies in Ihren Augen viel Zeit in Anspruch nimmt.

Wollen Sie als Vermittler oder Vermittlerin dennoch persönliche Eindrücke oder Anregungen in den Prozess geben, gilt es, sehr deutlich aus der Ich-Perspektive zu formulieren und Vorschläge klar als Anregungen einzubringen. Nun aber zu den einzelnen Schritten der Konfliktvermittlung.

Schritt 1: Das Problem wird erkannt und definiert. Ihre Aufgaben in dieser Phase:

- Leiten Sie die Parteien an, das Problem, den Konflikt ohne Vorwurf und Wertung zu formulieren und jeweils aus der Ich-Perspektive zu sprechen.
- Fragen Sie nach den Gefühlen der Beteiligten.
- Fragen Sie nach den dahinterstehenden Interessen.
- Leiten Sie die Parteien an, das Problem, den Konflikt umzuformulieren in Richtung Erwartungen, Hoffnungen, Befürchtungen, Wünsche.

Geben Sie sich und den Konfliktparteien ausreichend Zeit für eine konkrete Problemdefinition. Es ist häufig schon der halbe Weg zu einer guten Lösungsfindung, wenn es gelingt, die hinter den oft verhärteten Positionen stehenden Interessen herauszuarbeiten, benennen zu können und die damit verbundenen Hoffnungen und Befürchtungen zu thematisieren.

Schritt 2: Alternative Lösungen/Wege werden entwickelt. Im Sinne eines Brainstormings:

- Sammeln Sie Ideen für Lösungen,
- bewerten Sie die Vorschläge hier aber noch nicht.

Auch in dieser Phase gilt: Lassen Sie den Parteien ausreichend Zeit – ihr Denken will erst wieder in Richtung Kreativität und Offenheit ausgerichtet sein. Auch ist es unter Zeitdruck schwierig, sich neue Alternativen ausmalen zu können.

Schritt 3: Die Alternativen werden bewertet. Da höchstwahrscheinlich nur ein Teil der in Schritt zwei angedachten Lösungen überhaupt umsetzbar ist, ist jetzt eine Bewertung erforderlich. Dies bedeutet für Sie:

- Erörtern und bewerten Sie gemeinsam die unterschiedlichen Vorschläge.

- Leuchten Sie die Vor- und Nachteile jeder Lösung aus.
- Überlegen Sie: Bei welcher Lösung scheint die eine oder die andere Partei „zu gewinnen“ bzw.
- welche Lösung wird beiden gerecht?

Es ist besonders wichtig herauszuarbeiten, welche Lösungen welchen Vorteil für die jeweilige Konfliktpartei bedeuten würden. Wird dieser Punkt nicht offen thematisiert, kann es später nach der Entscheidung für eine Lösung doch zu Unzufriedenheit kommen – wenn nämlich plötzlich eine der Parteien den Eindruck hat, übervorteilt worden zu sein.

Schritt 4: Die Entscheidung wird getroffen. Wichtig für Sie ist hier:

- Überreden Sie nicht zu einer Lösung bzw. beachten Sie, dass niemand überredet wird.
- Es muss ein gemeinsamer Konsens gefunden werden.
- Halten Sie Vereinbarungen schriftlich fest. Die Dokumentation von Vereinbarungen soll späteren Auslegungsproblemen, Erinnerungslücken etc. vorbeugen.

Schritt 5: Die Entscheidung wird ausgeführt. Bei Konflikten in einer Besprechung kann sich dieser Schritt zum einen auf die direkte Umsetzung in der laufenden Besprechung beziehen. Er kann zum anderen aber auch mit Aspekten der Lösung zusammenhängen, die nach der Besprechung, in der täglichen Arbeit miteinander umgesetzt werden müssen. Eine gemeinsame Entscheidung in einem Besprechungskonflikt, wie z. B. „Wir vertagen die Entscheidung über diesen Punkt auf die folgende Besprechung, und Partei A wird Partei B spätestens eine Woche vor der nächsten Besprechung noch die benötigten Informationen zur Verfügung stellen“, ist also aktuell in der Sitzung ausführbar (heute keine Entscheidung), muss aber auch nach der Besprechung umgesetzt werden.

Schritt 6: Anschließende Bewertung und ggf. Nachbesserung der Lösung. Auch dieser Schritt wird in vielen Fällen erst außerhalb der Besprechung möglich sein. Es sollte aber grundsätzlich vereinbart werden, dass alle Konfliktparteien – ggf. nochmals unter Einbeziehung des Vermittlers oder Vermittlerin – ein weiteres Mal an einen Tisch kommen und die Umsetzung der Lösung bewerten bzw. auch diskutieren, was eventuell nicht gut gelaufen ist und nachgebessert werden muss.

Neben all diesen Ansatzpunkten für eine konstruktive Konfliktlösung ist es aber in der Besprechung vor allem wichtig, eine auftretende Meinungsverschiedenheit oder ein Missverständnis möglichst früh – im Idealfall schon vor der Manifestation als Konflikt – aufzufangen und eine Eskalation weitgehend zu verhindern. Das folgende Kapitel stellt Ihnen daher Maßnahmen vor, die zur Konfliktprävention beitragen können bzw. einer Konflikteskalation entgegenwirken können.

3.3 Was kann eine Konflikteskalation verhindern?

Alle Beteiligten einer Besprechung sind letztlich dafür verantwortlich, eine negative Entwicklung und Eskalation des Konflikts zu verhindern. Leitung und Teilnehmende haben hier unterschiedliche Möglichkeiten, aktiv zur Konfliktprävention beizutragen.

3.3.1 Gestaltung der Arbeitsatmosphäre

Die Gestaltung der Arbeitsatmosphäre liegt sicher – schon aufgrund aller vorbereitenden Überlegungen und Ausführungen – zunächst in der Hand des oder der Leitenden. Natürlich kann sich ein konstruktives Arbeitsklima nur in einem von individuellem Engagement, gegenseitigem Respekt und Kooperation gekennzeichneten Miteinander aller Beteiligten entfalten. Hierfür ist die Bereitschaft aller Teilnehmenden erforderlich, an diesem Prozess mitzuwirken. Andererseits haben Sie in der Leitungsfunktion einige Steuerungsmöglichkeiten in der Hand.

Zunächst können Sie durch Rahmenbedingungen wie Raumgröße und Gestaltung, Pausenverpflegung oder auch den Zeitrahmen für eine gute Basis sorgen. Fühlen sich Teilnehmerinnen und Teilnehmer aber unwohl oder gar erschöpft, werden die Gemüter zunehmend gereizt sein.

Ebenso trägt es zur „guten Stimmung" aller Beteiligten bei, wenn Ziele klar definiert sind, wenn jede und jeder Sinn und Nutzen in der Besprechung sieht und man zügig in der Sache vorankommt. So bleibt die Energie im Thema, und man braucht gar nicht erst die eigene Unlust an anderen auszulassen.

Eine konstruktive, positive Zusammenarbeit in der Besprechung ist nur dann möglich, wenn das zwischenmenschliche Klima stimmt. Achten Sie also von Anfang an darauf, unter den Teilnehmenden und auch gegenüber Ihrer Person Vertrauen zu schaffen, d. h. eine Atmosphäre zu gestalten, die die Fähigkeiten aller Beteiligten optimal zur Geltung bringt. Die Teilnehmenden sollen sich wohlfühlen. Die Kooperation in der Gruppe soll gefördert werden. Die Selbständigkeit und Kreativität jedes und jeder Einzelnen soll sich entfalten können. Wie Sie dazu beitragen können? Nun z. B. schon mit der Beachtung und Einforderung der aufgestellten Gesprächsregeln, mit konsequentem Vorgehen gegen Störer, mit Ermutigung und Anerkennung aller Ideen oder auch mit der Wahl Ihrer Arbeitsmethoden können Sie ein Miteinander fördern.

Vor allem aber sind Sie auch mit Ihrem eigenen Verhalten Modell für die Teilnehmenden: Sie legen mit Ihren Aussagen und mit Ihren Interventionen den Ton fest, der in der Besprechung herrscht (aggressiv – einander respektierend) und Sie können die Arbeit der Teilnehmenden motivierend, aber auch demotivierend begleiten und kommentieren. Die Sozialpsychologie beschreibt das Phänomen des „sozialen Vergleichs" (Thomas 1992), d. h. die meisten Menschen streben danach, sich in (Kommunikations-)Situationen mit anderen „richtig" zu verhalten, und halten danach Ausschau, was denn Menschen tun, die in der gleichen Situation sind wie sie selbst. Und aus der Forschung zum sozialen Lernen (Bandura 1979) ist bekannt, dass bevorzugt Personen mit höherem Status – und das beinhaltet auch Personen in Leitungsfunktionen – als Modelle gewählt werden. Demzufolge wird sich Ihr Verhalten und Ihre Ausstrahlung im Verhalten der Teilnehmenden widerspiegeln: Es wird sich in der Gruppendynamik bemerkbar machen, wenn Sie z. B. den Teilnehmenden und ihren Beiträgen und Fragen gegenüber Aufgeschlossenheit, Freundlichkeit und Respekt zeigen oder entnervt und abwertend die Stirn runzeln, wenn nochmals eine Nachfrage oder ein nicht ganz präzise formulierter Beitrag kommt.

3.3.2 Themenzentrierte Interaktion

Dieses von Ruth Cohn (1981; 1997) entwickelte Konzept „umfasst eine Haltung gegenüber sich selbst und anderen, die partnerschaftliche Kommunikation und eine akzeptierende Atmosphäre fördert." (Kranz 2006, 136) Cohn geht davon aus, dass in Arbeitsgruppen

- das jeweilige Thema (die gemeinsame Aufgabe),
- das Individuum (d. h. die einzelne beteiligte Person),
- die Gruppe an sich und
- das Umfeld (die Rahmenbedingungen)

eine gleich wichtige Rolle spielen und die Arbeit beeinflussen. Zielorientiertes Arbeiten erfordert vor allem von der Leitung, aber auch von allen Teilnehmenden, diese vier Bereiche fortwährend im Blick zu haben. Cohns Überlegungen zur effektiven und vor allem auch zur konfliktpräventiven Gestaltung von Arbeitsgruppen münden in zwei Postulaten:

1. „Übernehmen Sie Verantwortung für sich und Ihr Handeln“ („Be your own chairman“; Übers. n. Kranz 2006, 116): In diesem Postulat steckt die Aufforderung an *alle* beteiligten Personen, sich selbst mit ihren eigenen Interessen, Wünschen, Bedürfnissen ernst zu nehmen und diese auch anzusprechen. Ebenso aber auch die anderen Anwesenden mit deren Interessen und Bedürfnissen ernst zu nehmen sowie auch die gemeinsame Aufgabe und die Rahmenbedingungen, unter denen diese bearbeitet wird. Es ist also Pflicht jedes und jeder Einzelnen, sich in den Arbeits- und Gruppenprozess einzubringen. Schuldzuweisungen an die Leitung („müsste doch schon längst“, „hat wieder einmal nicht“) oder andere Teilnehmende („Wenn der oder die X schon wieder das große Wort führt, kann ich ja nicht …“) sind nach diesem Ansatz nicht „erlaubt“.

2. „Störungen haben Vorrang“: Als Störung wird alles betrachtet, was Teilnehmende hindert, effektiv am Thema mitzuarbeiten (und was letztlich auch Ausgangspunkt für einen Konflikt sein könnte). Eine frühe und schnelle Klärung von Störungen trägt dazu bei, dass Konfliktpotenzial verpufft. Manche Störungen sind relativ einfach und schnell zu beseitigen (z. B. Störungen aufgrund der Rahmenbedingungen: Es wurde schon zu lange ohne Pause gearbeitet; es ist zu laut; es fehlt Arbeitsmaterial etc.). Andere Störungen (z. B. Ärger oder Enttäuschung eines bzw. einer Teilnehmenden) bedürfen eines höheren Aufwands zur Klärung. Dennoch ist es nach Kranz (2006) lohnenswert, diese Zeit und Energie zu investieren, da Konflikteskalation verhindert wird und anschließend wieder eine effektivere Arbeit möglich ist.

Je länger eine Störung hingegen erhalten bleibt, desto stärker und negativer wirkt sie sich auf die Arbeit der Gruppe aus und desto größer werden die Konflikte.

3.3.3 Das Harvard-Konzept

Dieses Modell beruht auf langjährigen Beobachtungen und Analysen von Verhandlungen verschiedenster Art – von Alltagsproblemen bis hin zu Tarifverhandlungen in Unternehmen (Fisher et al. 1997). Das Harvard-Konzept ist aber nicht nur für Verhandlungssituationen bedeutsam. Der Ansatz beschreibt grundlegende Haltungen und Verhaltensweisen, die in jedem Gespräch eine faire und sachbezogene Auseinandersetzung und Lösungssuche fördern. Das Harvard-Konzept stellt so noch einmal zusammenfassend und abrundend die Grundlagen der Konfliktprävention dar. Vier Kriterien liegen dem Modell zugrunde:

1. Menschen und Probleme müssen voneinander getrennt werden. Bei aller „Härte in der Sache“ ist es Ziel, sich um ein verständnisvolles, menschlich angenehmes Umgehen miteinander zu bemühen. Auch wenn die Beteiligten unterschiedliche Meinungen, Entscheidungen oder Vorschläge in die Besprechung einbringen, wird man mit den Vorstellungen und Meinungen der anderen akzeptierend umgehen. Akzeptierend natürlich nicht im Sinne von recht geben, sondern im Sinne von ernst nehmen und würdigen. Mit dieser menschlich wertschätzenden Grundhaltung bleiben Konflikte auf der sachlichen Ebene und können mit sachlichen Mitteln verhandelt werden.

Probleme werden aber oft auch direkt an bestimmten Menschen festgemacht. Ein Gedanke wie: „Hätte die Abteilung Herrn X und nicht den Y in die Besprechung geschickt, wären wir jetzt schon viel weiter“ macht eine Person zum ursächlichen Problem und verstellt den Blick auf den Sachkonflikt. Die getrennte Betrachtung von Problem und Person trägt hier dazu bei, Teilnehmende nicht vorschnell abzustempeln und die Konzentration auf die Lösungsansätze in der Sache zu lenken.

2. Nicht Positionen, sondern Interessen sollten in den Mittelpunkt gestellt werden. Mit diesem Ansatz zeigt das Harvard-Konzept eine Strategie oder Vorgehensweise auf, wie Sie im Sachkonflikt zu einer gemeinsamen Lösung kommen können. Dabei ist es wichtig, die Parteien weg von ihren Streitpositionen zu führen und den Austausch über ihre Interessen und Bedürfnisse in den Vordergrund zu stellen. So ergeben sich mit dem Erkennen der Beweggründe neue Lösungs- und Verhandlungsmöglichkeiten im Sachkonflikt, und Positionsverhärtungen können vermieden werden (z. B. Herr X will ein neues buntes Layout der Imagebroschüre, Frau Y eine neue Grundfarbe … Für beide ist es wichtig, dass die Broschüre „neu“ rüberkommt und völlig anders als die der Konkurrenz. Man einigt sich schließlich darauf, das alte Cover zu behalten, aber die Form der Broschüre völlig anders zu gestalten, z. B. aufklappbar statt zum Durchblättern, mit Einsteckkarten zum Rausnehmen, wesentlich kleiner und angeschrägt).

Der Aspekt, Interessen herauszuarbeiten, hilft aber auch, Konflikteskalation im zwischenmenschlichen Bereich zu verhindern. So sollten statt Vorwürfen besser eigene Bedürfnisse, Wünsche und Erwartungen angesprochen werden. Also statt: „Sie sind furchtbar unstrukturiert“ wird das Interesse „Ich brauche Struktur“ oder „Ich wünsche mir einen Ablaufplan“ thematisiert. Auf der Beziehungsebene bleibt man so in wertschätzendem Kontakt.

3. Es gilt, für sich selbst wie auch zusammen mit dem Verhandlungspartner Alternativen zu entwickeln. Haben sich die Konfliktparteien „festgefahren“, kann eine zunächst einmal unverbindliche Suche nach neuen Lösungen die Diskussion weiterbringen. Dabei ist es wichtig, das Entwickeln vom Beurteilen zu trennen, d. h. nicht nach „der einen“ Lösung Ausschau zu halten, sondern erst einmal möglichst viele Ideen zu produzieren. Es geht also nicht um die Suche nach der richtigen Lösung, sondern um verschiedene Optionen. Erst danach werden die interessantesten Vorschläge diskutiert. Zu suchen wäre dann die Lösung, die allen Beteiligten nach Möglichkeit Vorteile bringt.

4. Alle Beteiligten sollten sich auf objektive Kriterien einigen, an denen das Ergebnis gemessen werden kann. Auf diese Weise werden Entscheidungen von den beteiligten Personen weggenommen und auf eine sachliche Basis gestellt. Der Konflikt wird mit großer Wahrscheinlichkeit nicht eskalieren. Es ist also hilfreich, neutrale Entscheidungsgrundlagen zu definieren, die von allen Beteiligten akzeptiert werden, wie z. B. wissenschaftliche Gutachten, Vergleichsfälle, Empfehlungen von Sachverständigen, Unternehmensgrundsätze und -leitlinien, branchenübliche Verträge oder rechtliche Rahmenbedingungen.

Was tun, wenn ...
die andere Seite nicht mitmacht und Konflikte provoziert?

- Lassen Sie die Angriffe der anderen ins Leere laufen, reagieren Sie nicht.
- Verhalten Sie sich ganz einfach so, als wäre die andere Seite an einer gemeinsamen Lösung interessiert.
- Konzentrieren Sie sich auf die Haltungen der Gegenseite zum Thema. Finden Sie Gemeinsamkeiten, formulieren Sie gemeinsame Ziele.
- Laden Sie die anderen zur Kritik an Ihren Vorschlägen ein und bitten Sie um Perspektivenwechsel („Was würden Sie denn an meiner Stelle tun?").
- Arbeiten Sie mit Fragen anstelle von Statements. So provozieren Sie eher Lösungsvorschläge (statt „Das sehe ich nicht ein?" – „Wie können Sie mir erklären?").
- Bleiben Sie in jeder Phase wertschätzend der Person gegenüber.
- Leben Sie konsequent Ihren fairen und kooperativen Konfliktlösestil!

Und wenn Sie das alles versucht haben, aber eine Konflikteskalation dennoch nicht verhindern konnten – bleiben Sie gelassen, geben Sie nicht auf und machen Sie sich klar: Mit manchen Menschen ist es ganz einfach schwierig!

Für Ihre Besprechung mit Biss brauchen Sie:

Ein klares Ziel. Nur so finden Sie den richtigen Weg und die nötige Energie.

Geeignete Methoden. So dass Sie auch tatsächlich dort ankommen, wo Sie hin wollen.

Engagement, Kompetenz und die Bereitschaft, sich in den Dienst der Sache zu stellen. Sowohl in der Leitungsrolle wie auch als Teilnehmerin und Teilnehmer.

Sensibilität, Wertschätzung und konstruktive Sichtweisen, wenn es in der Besprechung menschelt. Nutzen Sie Unterschiedlichkeiten als Chance, Ihren Blick zu verändern, und persönlichen Ärger als Motor zur Weiterentwicklung.

Und nicht zuletzt die stetige gemeinsame Suche nach neuen Wegen, Sichtweisen oder Lösungen. Die Welt wird dadurch nicht anders, aber Sie kommen vielleicht besser voran.

Literatur

Allhoff, D. W., Allhoff, W. (2006): Rhetorik & Kommunikation. Ein Lehr- und Übungsbuch. 14., völlig neu bearb. und erw. Aufl. Ernst Reinhardt, München/Basel

Argyle, M. (2005): Körpersprache & Kommunikation. Das Handbuch zur nonverbalen Kommunikation. 9. Aufl. Junfermann, Paderborn

–, Lefebvre, L., Cook, M. (1974): The meaning of five patterns of gaze. European Journal of Social Psychology 4, 125–136

Bandura, A. (1979): Sozial-kognitive Lerntheorie. Klett-Cotta, Stuttgart

Berne, E. (1985): Spiele der Erwachsenen. Psychologie der menschlichen Beziehungen. Rowohlt, Reinbek

– (2002): Spiele der Erwachsenen. Psychologie der menschlichen Beziehungen. (Neubearbeitung). Rowohlt, Reinbek

Cerwinka, G., Schranz, G. (2007): Protokollführung leicht gemacht. Richtig strukturieren und treffend formulieren. 2. aktualis. und überarb. Neuaufl. Redline Wirtschaft, Heidelberg

Christmann, U., Groeben, N. (1999): Psychologie des Lesens. In: Franzmann, B., Hasemann, K., Löffler, D., Schön, E.(Hrsg.): Handbuch Lesen. Saur, München, 145–223

Cohn, R. (1981): Das Thema als Mittelpunkt interaktioneller Gruppen. In: Kutter, P. (Hrsg.): Gruppendynamik der Gegenwart. Wissenschaftlicher Buchverlag, Darmstadt, 156–165

– (1997): Von der Psychoanalyse zur Themenzentrierten Interaktion. Klett-Cotta, Stuttgart

Fisher, R., Ury, W., Patton, B. M. (1997): Das Harvard-Konzept. Sachgerecht verhandeln – erfolgreich verhandeln. 9. Aufl. Campus, Frankfurt

Förster, J. (2003): The influence of approach and avoidance motor actions on food intake. European Journal of Social Psychology 33, 339–350

Freytag, H.-P., Gmel, F., Grasmeher, F. (2005): Der Ausbilder im Betrieb. Teil I. 34. Aufl. Fachbuchverlag Weber und Weidenmeyer, Kassel

Gegenfurthner, K. R. (2003): Gehirn und Wahrnehmung. Fischer, Frankfurt

Glasl, F. (2002): Konfliktmanagement. Ein Handbuch für Führungskräfte, Beraterinnen und Berater. 8. Aufl. Freies Geistesleben, Stuttgart

Goldstein, E. B. (2002): Wahrnehmungspsychologie. 2. Aufl. Spektrum Akademischer Verlag, Heidelberg

Gordon, Th. (1972): Familienkonferenz. Die Lösung von Konflikten zwischen Eltern und Kind. Hoffmann und Campe, Hamburg

– (1982): Managerkonferenz. Effektives Führungstraining. Rowohlt, Reinbek

Groeben, N. (1972): Die Verständlichkeit von Unterrichtstexten. Dimensionen und Kriterien rezeptiver Lernstadien. 2. überarb. und erw. Aufl. Aschendorff, Münster

Haberkorn, K. (1996): Effizient führen: Informieren, Delegieren, Motivieren. Kontakt & Studium. Bd. 506. expert-verlag, Renningen-Malmsheim

Hartmann, M., Funk, R., Wittkuhn, K. D. (2000): Gekonnt moderieren. Teamsitzung, Besprechung und Meeting: zielgerichtet und ergebnisorientiert. Beltz, Weinheim

–, Röpnack, R., Baum, H.-W. (2002): Immer diese Meetings! Besprechungen, Arbeitstreffen, Telefon- und Videokonferenzen souverän leiten. Beltz, Weinheim

Hartung, A. (2000): Sozialpsychologie. Kohlhammer, Stuttgart

Heckhausen, J., Heckhausen, H. (2006): Motivation und Handeln. Kapitel 6: Leistungsmotivation. 3. Aufl. Springer, Berlin/Heidelberg/New York, 143–191

Höher, P., Höher, F. (2000): Konfliktmanagement. Konflikte erkennen und kompetent lösen. Haufe Mediengruppe, München

Hofmann, E., Löhle, M. (2004): Erfolgreich lernen. Effiziente Lern- und Arbeitsstrategien für Schule, Studium und Beruf. Hogrefe, Göttingen

Isaacs, J. B. (2002): Dialog als Kunst gemeinsam zu denken. Die neue Kommunikationskultur in Organisationen. ehp, Bergisch Gladbach

Jackson, (1999): Testen und getestet werden. Huber, Bern

Kast-Zahn, A. (2000): Jedes Kind kann Regeln lernen. Vom Baby bis zum Schulkind: Wie Eltern Grenzen setzen und Verhaltensregeln vermitteln können. das Buch des positiven Lenkens. 7. Aufl. Oberstebrink, Ratingen

Kießling-Sonntag, J. (2005): Besprechungsmanagement. Meetings, Sitzungen und Konferenzen effektiv gestalten. Cornelsen, Berlin

Klebert, K., Schrader E., Straub, W. G. (2003): KurzModeration. Anwendung der Moderationsmethode in Betrieb, Schule, Hochschule, Kirche, Politik, Sozialbereiche und Familie, bei Besprechungen und Präsentationen. Mit 20 Moderationsabläufen als Anleitung. Überarb. Neuaufl. Windmühle, Hamburg

–, –, – (2006): ModerationsMethode. Das Standardwerk. 3. Aufl. Windmühle, Hamburg

Kmoth, N. (2003): Körperrhetorik. Eine Anleitung zum Gedankenlesen … und -zeigen. mvg, Landsberg-München

König, O., Schattenhofer, K. (2007): Einführung in die Gruppendynamik. 2. Aufl. Carl-Auer, Heidelberg

Kranz, A. M. (2006): Themenzentrierte Interaktion (TZI): Alles im Blick! TZI als Basis für partnerschaftliche Kommunikation in Systemen. In: Meier-Gantenbein, K. F., Späth, T. (Hrsg.): Handbuch Bildung, Training und Beratung. Beltz, Weinheim, 111–136

Krummenacher, J., v. Mühlenen, A., Müller, H. J. (2005): Selektive Aufmerksamkeit. In: Kersten, B. (Hrsg.): Praxisfelder der Wahrnehmungspsychologie. Huber, Bern, 13–32

Langer, I., Schulz von Thun, F., Tausch, R. (1974): Verständlichkeit in Schule, Verwaltung, Politik und Wissenschaft. Mit einem Selbsttrainingsprogramm zur verständlichen Gestaltung von Lehr- und Informationstexten. Ernst Reinhardt, München/Basel

–, –, – (2006): Sich verständlich ausdrücken. 8. Aufl. Ernst Reinhardt, München/Basel

Lemmermann, H. (2000): Praxisbuch Rhetorik. Redetraining und Übungen. 7. Aufl. mvg, Landsberg

Lewicki, R. J., Hiam, A., Olander K. W. (1998): Verhandeln mit Strategie. Das große Handbuch der Verhandlungstechniken. Midas Management, St. Gallen/Zürich

Lukesch, H. (2003): Erkennbarkeit der Lüge: Alltagstheorien und empirische Befunde. In: Mayer, M. (Hrsg.): Kulturen der Lüge. Böhlau, Köln, 121–149

Manager Seminare, Heft 70, Oktober 2003, S. 38

Mastenbroek, W. (1992): Verhandeln. Strategie, Taktik, Technik. Frankfurter Allgemeine Zeitung, Frankfurt

Mehrabian, A. (1972): Nonverbal Communication. Aldine-Atherton, Chicago

–, Friar, J. T. (1979): Die Übermittlung von Einstellungen durch Köperhaltung und Körperorientierung. In: Scherer, K. R., Walbott, H. (Hrsg.): Nonverbale Kommunikation. Forschungsberichte zum Interaktionsverhalten. Beltz, Weinheim, 176–185

Merton, R. K. (1948): The self-fulfilling prophecy. The Antioch Review 8, 193–210

Meyers-Levy, J., Zhu, R. (2007): The Influence of Ceiling Height: The Effect of Priming on the Type of Processing that People Use. Journal of Consumer Research 34, 174–186

Neuland, M. (2003): Neuland-Moderation. 5. Aufl. managerSeminare, Bonn

Riskind, J., Gotay, C. (1982): Physical posture: Could it have regulatory or feedback effects on motivation and emotion? Motivation and Emotion 6 (3), 273–298

Rosenberg, M. B. (2005): Gewaltfreie Kommunikation. Eine Sprache des Lebens. Gestalten Sie Ihr Leben, Ihre Beziehungen und Ihre Welt in Übereinstimmung mit Ihren Werten. 6. überarb. und erw. Neuaufl. Junfermann, Paderborn

Ries, A., Trout, J. (1986): Positioning. Die neue Werbestrategie. Mc-Graw-Hill Book Company, Hamburg

Rost, W. (2001): Emotionen. Elixiere des Lebens. 2. Aufl. Springer, Berlin/Heidelberg/New York

Rüttinger, B. (1980): Konflikt und Konfliktlösen. Neues-Lernen-Studienbücher: Psychologie im Betrieb. Bd. 5. Bratt-Institut für Neues Lernen, Goch

Russo, R., Carlson, K., Meloy, M. (2006): Choosing an Inferior Alternative. Psychological Science 17 (10),
899–904

Scherer, K. R. (1977): The effect of stress on the fundamental frequency of the voice. Paper presented at the Acoustical Society of America Meeting Miami 1977. Abstract in Journal of the acoustical society of America 62, Supplement No. 1, 25–26

– (1982): Stimme und Persönlichkeit – Ausdruck und Eindruck. In: Scherer, K. R. (Hrsg.): Vokale Kommunikation. Nonverbale Aspekte des Sprachverhaltens. Beltz, Weinheim, 188–210

Schilling, G. (1998): Angewandte Rhetorik und Präsentationstechnik. Ein Praxisleitfaden für Vortrag und Präsentation. Gert Schilling Verlag, Berlin

Seifert, J. W. (2004): Besprechungen erfolgreich moderieren. 10. Aufl. Gabal, Offenbach

Schnappauf, R. A. (1995): Verkaufspraxis. Wegweiser durch alle Verkaufssituationen. Verlag moderne Industrie, Landsberg/Lech

Schönert, W. (1988): Werbung, die ankommt. 199 Beispiele, Erfolgsregeln, praktische Folgerungen. 2. Aufl. Econ, Düsseldorf

Schulz von Thun, F. (1989): Miteinander Reden. Störungen und Klärungen. Bd. 1. Allgemeine Psychologie der Kommunikation. Rowohlt, Reinbek

Steinherr, L., Behringer, H. G. (1998): Besprechungen rationell und effektiv führen. In: Diakonisches Werk der Evangelisch-Lutherischen Kirche in Bayern (Hrsg.): Führen – Fördern – Fordern. Grundlagen und Orientierung zum Thema Mitarbeiterführung. Emmy Riedel, Gunzenhausen, 68–78

Stepper, S. (1992): Der Einfluss der Körperhaltung auf die Emotion „Stolz". Unveröffentlichte Dissertation. Universität Mannheim

Storch, M., Cantieni, B., Hüther G., Tsacher, W. (2006): Embodiment. Die Wechselwirkung von Körper und Psyche verstehen und nutzen. Hans Huber, Bern

Strack, F., Martin, L. L., Stepper, S. (1988): Inhibiting and facilitating conditions of the human smile: A nonobtrusive test of the facial feedback hypothesis. Journal of Personality and Social Psychology 54 (5), 768–777

Thomas, A. (1992): Grundriß der Sozialpsychologie. Bd. 2. Individuum – Gruppe – Gesellschaft. Hogrefe, Göttingen

Tosch, M. (2002): Besprechungen moderieren. 3. Aufl. managerSeminare, Bonn

Trötschel, R. (2000): Den Verlust vor Augen, die Einigung im Sinn. Zur Realisierung prosozialer Verhandlungsziele durch Vorsätze. Der andere Verlag, Osnabrück

Tuckman, B. (1965): Developmental sequence in small groups. Psychological Bulletin 63, 384–399

Watzlawick, P. (1981): Selbsterfüllende Prophezeiungen. In: Watzlawick, P. (Hrsg.): Die erfundene Wirklichkeit. Wie wissen wir, was wir zu wissen glauben? Beiträge zum Konstruktivismus. Piper, München, 91–110

Wells, G. L., Petty, R. E. (1980): The effects of overt head movements on persuasion: Compatibility and incompatibility of responses. Basic and Applied Social Psychology 3, 219–230

Zimbardo, P. G., Gerrig, R. J. (1999): Psychologie. 7. Aufl. Springer, Berlin/Heidelberg/New York

Register